Pocket Power

Tobias Müller-Prothmann
Nora Dörr

Innovationsmanagement

Strategien, Methoden und Werkzeuge für systematische Innovationsprozesse

3. Auflage

HANSER

Bibliografische Information der Deutschen Nationalbibliothek
Die Deutsche Nationalbibliothek verzeichnet diese Publikation in der Deutschen Nationalbibliografie; detaillierte bibliografische Daten sind im Internet über http://dnb.d-nb.de abrufbar.

http://www.hanser.de

Lektorat: Lisa Hoffmann-Bäuml
Herstellung: Andrea Reffke
Layout: Der Buch*macher,* Arthur Lenner, München
Grafiken: Halina Wojtusiak, München
Umschlaggestaltung: Parzhuber & Partner GmbH, München
Umschlagrealisation: Stephan Rönigk
Druck und Bindung: Kösel, Krugzell
Printed in Germany

ISBN 978-3-446-43931-3

E-Book ISBN 978-3-446-43933-7

Inhalt

Wegweiser

Dieses Buch wendet sich an Praktiker. Die folgenden vier Symbole führen Sie schnell zum Ziel:

Dieses Symbol markiert **Anwendungstipps:** Hier erfahren Sie, wie Sie bei der Umsetzung am besten vorgehen.

Hier geben wir Ihnen **Praxisbeispiele,** die zeigen, wie die Thematik von anderen konkret umgesetzt wird.

Dieses Symbol kennzeichnet **Hinweise und Merksätze,** die Sie bei der Umsetzung beachten sollten.

Dieses Symbol kennzeichnet **Checklisten** für die praktische Durchführung.

Die Autoren bedanken sich bei Maree, Roux und Marais für die freundliche Genehmigung der Nutzung der Illustrationen in Abschnitt 2.5.

1 Was ist Innovationsmanagement?

1.1 Zum Begriff der Innovation

Kreative Ideen oder neues Wissen sind noch keine Innovation. Innovationen resultieren erst dann aus Ideen, wenn diese in neue Produkte, Dienstleistungen oder Verfahren umgesetzt werden (Invention), die tatsächlich erfolgreiche Anwendung finden und den Markt durchdringen (Diffusion). Während die Wissenschaft neue Erkenntnisse, also neues Wissen, produziert, stellen Innovationen dazu quasi das Gegenstück dar, indem aus Wissen neue Anwendungen generiert werden.

Innovation

Innovation lässt sich auf die Formel bringen:
Innovation = Idee + Invention + Diffusion

Hieraus ergibt sich bereits die wesentliche Aufgabe des Innovationsmanagements, die im Folgenden ausführlich dargestellt wird: die systematische Unterstützung des gesamten Innovationsprozesses von der Generierung neuer Ideen bis zu deren Umsetzung in neue Produkte.

Forschung und Entwicklung (kurz „F&E“ oder englisch „R&D“ für Research and Development) bezeichnen im Unternehmenskontext in der Regel zweierlei:

- die Gesamtheit der unternehmerischen Aufwendungen für die Generierung von Wissen und die Entwicklung neuer Anwendungen, also die Investitionen in die Schaffung von Innovationen,
- die Funktionen und funktionalen Unternehmenseinhei-

ten, die im engeren Sinne auf Forschung und Entwicklung ausgerichtet sind, also die F&E-Abteilungen.

F&E wird meist nach Grundlagenforschung, anwendungsorientierter Forschung und Entwicklung unterschieden. Grundlagenforschung ist originär die Domäne der akademischen Forschung, also von Universitäten und anderen wissenschaftlichen Einrichtungen. Anwendungsorientierte Forschung und Entwicklung hingegen finden vor allem in den Unternehmen, aber auch in anderen außeruniversitären Forschungseinrichtungen, wie beispielsweise der Fraunhofer-Gesellschaft, statt.

Innovationsmanagement als systematische Steuerung des Innovationsprozesses beinhaltet stets auch die Kontrolle über den Prozessfortschritt sowie die notwendige Qualität von Innovationen. Dazu gehört die Definition von Quality Gates als Meilensteine, bei denen die jeweiligen Ergebnisse überprüft werden und über den Fortgang des Entwicklungsprozesses entschieden wird (siehe 3.1).

iPod®-Syndrom

Dass kreative Ideen und neue Technologien noch keine Innovation sind, zeigen die zahlreichen Beispiele verpasster Technologiekommerzialisierungen vor allem in Deutschland und Europa. Dazu gehört das in den letzten Jahren viel zitierte Beispiel der MP3-Player-Entwicklung.
Apple brachte den iPod 2001 auf den Markt. Heute ist Apple Marktführer für MP3-Player und erzielte vor Einführung von iPhone und iPad über 50 Prozent seines Umsatzes mit dem iPod sowie dem internetbasierten Musikgeschäft. Die zugrunde liegende Technologie (MPEG-1 Audio Layer 3) wurde aber bereits 1982 von der Fraunhofer-Gesellschaft entwickelt und 1992 als Standard etabliert. Auch wenn Fraunhofer

auf Lizenzeinnahmen in Höhe von 16 Millionen Euro allein für 2006 stolz sein kann, verpassten die deutschen Unternehmen doch weitgehend den Milliardenmarkt für MP3-Player.
Fazit: „Nicht die Technologie, sondern die User-Schnittstelle, das Design und vor allem das Geschäftsmodell waren ausschlaggebend für den überragenden Markterfolg. Technologisch war der iPod kein Durchbruch" (Gassmann, 2008).

1.2 Entwicklung des Innovationsmanagements

Inhalte, Aufgaben und Ziele des Innovationsmanagements haben sich erst allmählich zu dem entwickelt, was sie heute sind: die ganzheitliche, systematische Unterstützung des Innovationsprozesses. Es gibt verschiedene Einteilungen der Phasen zur Darstellung der Entwicklung des Innovationsmanagements. Anhand der Unterscheidung von fünf Generationen des Innovationsmanagements lassen sich die grundlegenden Charakteristiken der Entwicklung aber recht gut aufzeigen (vgl. Rogers, 1996):

- 1. Generation: Im Zentrum der Anfänge eines systematischen Innovationsmanagements stehen Technologien, Allokation von F&E-Ressourcen und das Management der F&E-Aktivitäten als eine Einheit. Innovationen werden vor allem durch neue wissenschaftliche Erkenntnisse und Technologien getrieben (Science/Technology Push; siehe 2.1) und sind durch einen Mix an Projektportfolios, unbestimmte Zeithorizonte und das Engagement der Forscher als Einzelpersonen gekennzeichnet.
- 2. Generation: In der zweiten Generation des Innovationsmanagements werden Methoden des Projektmanagements

eingeführt und stärker auf die Projektqualität fokussiert. Kennzeichen sind die Triebkräfte durch den Markt (Market Pull; siehe 2.1), bessere Methoden für die Projektevaluierung und das gezielte Management der einzelnen Innovationsprojekte.

- 3. Generation: Mit der dritten Generation wird die Innovationsstrategie explizit in die Unternehmensstrategie einbezogen und die Innovationsplanung als zentrale Unternehmensfunktion begriffen. Dies geht mit strategisch ausgewogenen Projektportfolios, Kopplung von Innovations- und Unternehmensstrategie, Integration von Geschäftsprozessen, F&E-Partnerschaften sowie strategischem F&E-Management einher.
- 4. Generation: In der vierten Generation werden die Kunden in den Innovationsprozess einbezogen. Angesichts des beschleunigten Wettbewerbs, zunehmender Globalisierung und der Durchdringung mit neuen Informations- und Kommunikationstechnologien werden engere Beziehungen zum Kunden möglich. Die Unternehmen versuchen, Kundenbedürfnisse und Kundenwissen für die Entwicklung von Innovationen zu nutzen (siehe 3.8).
- 5. Generation: Neue Ansätze zum Innovationsmanagement beziehen nicht nur ausdrücklich die Gesamtheit der internen und externen Quellen von Wissen und Innovationen ein, sondern zielen auf deren systematische Nutzung durch eine entsprechende Prozessunterstützung und den strategischen Auf- und Ausbau sowie das Management von Innovationsnetzwerken. Dazu gehören die Integration von Innovations- und Wissensmanagement (intern und extern; siehe 7.1), Management von Innovationsnetzwerken und Kollaboration sowie strategische Forschungsallianzen (siehe 3.9) und die Öffnung von Innovations-

prozessen zur Einbeziehung von Kunden, Zulieferern, Hochschulpartnern und teilweise sogar Wettbewerbern (siehe 3.7).

1.3 Ziele des Innovationsmanagements

Ziel des Innovationsmanagements ist die systematische Unterstützung des gesamten Innovationsprozesses von der Generierung neuer Ideen bis zu deren Umsetzung in neue Produkte auf dem Markt. Im Zentrum steht dabei letztendlich die nachhaltige Sicherung oder möglichst sogar Verbesserung der Unternehmensposition.

Ein ganzheitliches Innovationsmanagement umfasst drei Ebenen (vgl. Gassmann, 2008):

- Normative Ebene: Vision, Mission, Werte und Leitbilder.
- Strategische Ebene: Ressourcen, Technologien, Wissen und Kompetenzen der Mitarbeiter, Märkte, Kunden, Lieferanten, Kooperationspartner und Wettbewerber.
- Operative Ebene: Gestaltung und Führung des Innovationsprozesses, Leistung, Qualität, Kosten, Zeit.

Innovationsmanagement hat also eine Querschnittsfunktion im Unternehmen. Zu den Aufgabenfeldern gehören (vgl. Corsten et al., 2006):

- Erfassung und Bewertung innovativer Entwicklungen innerhalb und außerhalb des Unternehmens,
- Aufbau und Pflege des unternehmensinternen Innovationspotenzials,
- Beschaffung von unternehmensexternen Innovationen sowie deren Umsetzung im Unternehmen (Wissenstransfer),

- Mitwirkung an der Definition der Bedeutung von Innovationen für die Unternehmensentwicklung und Auswahl von Innovationsfeldern (Innovationsstrategie),
- Mitwirkung an der Festlegung der Ressourcenverteilung für die ausgewählten Innovationsfelder,
- Planung, Steuerung, Durchführung und Kontrolle von Innovationsaktivitäten des Unternehmens,
- Festlegung der Zeitpunkte für den Markteintritt von Innovationen oder deren Einsatz im Unternehmen,
- Planung und Realisierung von Schutzmöglichkeiten innovativer Entwicklungen vor dem Zugriff Dritter sowie die Vergabe von Nutzungsrechten durch Dritte (Patente, Lizenzierung).

Innovationsmanagement ist dadurch gekennzeichnet, dass das Management von intangiblen Ressourcen im Zentrum steht, also die Unterstützung aller Prozesse und Aktivitäten zur Generierung, Speicherung und Anwendung von Innovation und Wissen.

Innovations-, F&E- und Technologiemanagement

Neben dem Begriff des Innovationsmanagements sind auch die Begriffe des F&E- oder Technologiemanagements gebräuchlich, teilweise in Kombination als Technologie- und Innovationsmanagement (TIM). Technologiemanagement zielt nicht nur auf die Entwicklung neuer, sondern ebenso auf die Erhaltung und Anwendung vorhandener Technologien über den gesamten Lebenszyklus ab und ist damit in seiner Zielsetzung anders gelagert als das Innovationsmanagement. F&E-Management bezieht sich auf naturwissenschaftlich-technische Prozesse, während Innovationsmanagement auch administrative und weniger planbare Prozesse umfasst (vgl. Hauschildt, 2004).

2 Innovationsstrategien

2.1 Unternehmens- und Innovationsstrategie

Hauptziele von Unternehmen sind in der Regel Gewinnmaximierung und Wirtschaftlichkeit, also Wachstum oder zumindest Existenzsicherung. Diese stehen im Zentrum der Unternehmensstrategie. Die Innovationsstrategie steht mit der Unternehmensstrategie in direktem Zusammenhang, weshalb beide meist auch eng aneinander gekoppelt sind. Ziel der Innovationsstrategie ist die Steigerung des Unternehmenswertes. Denn Innovation entsteht gemäß ihrer Definition (siehe 1.1) nur dann, wenn sie sich in Wertschöpfung niederschlägt, also wenn eine Idee in einem neuen Produkt umgesetzt wird, das sich erfolgreich auf dem Markt durchsetzt.

Die Innovationsstrategie umfasst alle strategischen Aussagen für die Generierung von Innovationen, also die Entwicklung, Umsetzung und Vermarktung neuer Produkte, Dienstleistungen oder Verfahren. Sie steht im Mittelpunkt des Innovationsmanagements und dient als Kompass zur richtungsweisenden Orientierung.

Grundsätzlich können verschiedene Aspekte von Innovationsstrategien unterschieden werden, die sich je nach Branche, Unternehmensposition, Produktportfolio, Markt und Unternehmensumfeld mehr oder weniger stark ausgeprägt in gemischten Anteilen in einer übergeordneten, konkreten Innovations- und/oder Unternehmensstrategie wiederfinden.

Von der Perspektive des Treibers einer Innovation aus können unterschieden werden:

- (Science/Technology) Push Strategy: Der Antrieb zur Innovation kommt aus der Entwicklung neuen Wissens oder neuer Technologien, also primär aus F&E-Aktivitäten im engeren Sinne. Treiber ist der Anbieter, der für seine Innovation erst einen Anwendungsbereich oder neuen Markt finden oder schaffen muss.
- (Market) Pull Strategy: Der Antrieb zur Innovation kommt vom Markt. Die Innovation wird durch die Bedürfnisse der Kunden initiiert, die durch ein neues Produkt befriedigt werden können. Der Markt ist also vorhanden, während das neue Produkt erst entwickelt werden muss.

Unter dem Blickwinkel des Zeitpunkts einer Markteinführung (Timing) können folgende Grundpositionen unterschieden werden (vgl. Corsten et al., 2006; siehe Bild 1):

- Pionierstrategie („First to Market"): Innovationen werden vor anderen Unternehmen wirksam auf dem Markt durchgesetzt. Dadurch kann einerseits ein temporäres Quasimonopol geschaffen werden, andererseits können mit dieser Strategie große Unsicherheiten, vor allem hohe Markterschließungskosten verbunden sein.
- Folgestrategie („Follow the Leader"; „Second to Market"): Diese auch als Imitationsstrategie bezeichnete Strategie zielt auf die direkte technologische Nachfolge des Pioniers, möglichst verbunden mit einer anwendungsorientierten Weiterentwicklung der bereits auf dem Markt eingeführten Innovation. Unterschieden werden kann dann noch zwischen dem frühen und späten Folger.

Chancen und Risiken der unterschiedlichen Markteintrittszeitpunkte sind in Tabelle 1 einander gegenübergestellt.

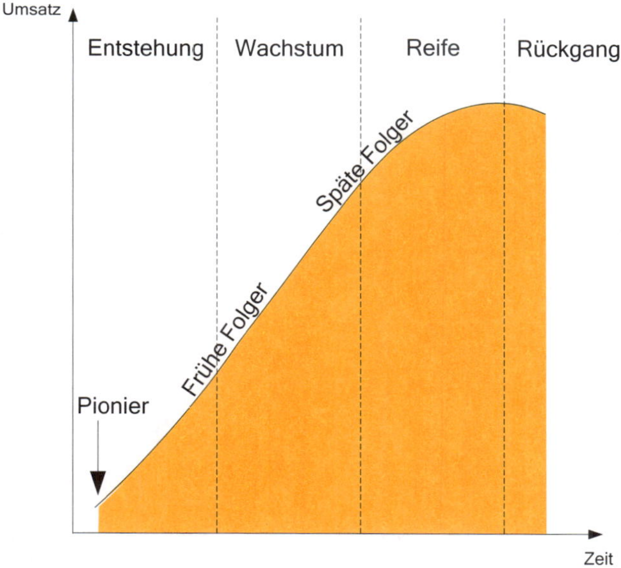

Bild 1: *Markteintrittszeitpunkte*

In der Literatur sind zahlreiche weitere Systematisierungen und Beispiele von Innovationsstrategien zu finden. Allen Innovationsstrategien ist gemeinsam, dass sie nicht darauf abzielen, jede Innovationschance auch tatsächlich wahrzunehmen, sondern diese zu befördern und zugleich auf Zielkonformität und Machbarkeit im Rahmen der eigenen Kapazitäten zu prüfen. In Kapitel 4 werden Analyse- und Planungsmethoden wie Roadmapping oder Szenariotechnik zur Festlegung von Innovationsstrategien vorgestellt. Rechtliche Aspekte und Patentstrategien sind ein gesondertes Thema (für eine Einführung siehe z. B. Bader, 2008).

	Pionier	Früher Folger	Später Folger
Chancen	• Erfahrungskurveneffekte • Frühzeitige Erlangung von Markt-Know-how • Imagevorteile • Etablierung eines Standards • Spielraum für den Einsatz von Marketinginstrumenten • Aufbau von Markentreue • Erhöhung weiterer Markteintrittsbarrieren	• Abgeschwächte „Pioniervorteile" • Nutzung von Markterschließungsmaßnahmen des Pioniers • Geringere Unsicherheit hinsichtlich Markt- und Technologieentwicklung • Ausnutzen fehlerhafter Pionierpositionierung	• Hohe Transparenz (Markt- und Technologiesituation) • Ausrichtung des Wettbewerbsverhaltens an der Konkurrenz und Ausnutzung von Schwachstellen • Partizipation an Investitionen von Pionier und frühen Folgern (z. B. Markterschließung, F&E)
Risiken	• Hohe Unsicherheit (ökonomische, technische Entwicklungen) • Geringe Erfahrung mit der Technologie • Hohe Markterschließungskosten • Markterschließung kommt auch Folgern zugute • Unausgereiftes Produkt (Imagenachteile) • Risiko der richtigen Bedarfsschätzung	• Keine Nutzung von Monopolisierungsvorteilen • Pionier hat eventuell bereits Industriestandard etabliert • Pionier hat Markteintrittsbarrieren aufgebaut • Produktbezogene Imagenachteile	• Nur geringes Marktpotenzial durch späten Markteintritt • Hohe Markteintrittsbarrieren • Präferenzen der Abnehmer für den Pionier bzw. frühen Folger • Marketinginstrumentarium kann nur reaktiv eingesetzt werden • Verkürzter Marktpräsenzzeitraum

Tabelle 1: *Chancen und Risiken unterschiedlicher Markteintrittszeitpunkte (nach: Corsten et al., 2006)*

Wahl der Innovationsstrategie

Die Wahl der Innovationsstrategie hängt einerseits von der übergeordneten Unternehmensstrategie ab, andererseits vor allem von

- Wettbewerbssituation,
- Kernkompetenzen,
- Technologie,
- Ressourcen,
- Durchlaufzeit von Innovationsprojekten,
- Kundenbeziehungen,
- F&E-Partnerschaften.

Entwicklung des Videorekorder-Marktes

Klassisches Beispiel für die Bedeutung der richtigen Timing-Strategie ist die Verdrängung des Pioniers und gleichzeitig die Durchsetzung von Standards im Zuge der Entwicklung des Videorekorder-Marktes.

Als Pionier bot Philips 1972 das Modell N 1500 an, einen Videorekorder für das VCR-Format, das auch von Grundig und Loewe unterstützt wurde. Dem frühen Folger JVC gelang es jedoch, das von ihm entwickelte VHS als Industriestandard zu etablieren. Daraufhin stellte Philips zunächst die Produktion von Videorekordern ein.

Im Jahr 1979 versuchte Philips einen zweiten Anlauf mit der Markteinführung des Systems Video 2000. Aber auch dieser Versuch war nicht von Erfolg gekrönt, denn obwohl es sich um das technisch überlegenere System handelte, konnte es nicht mit VHS konkurrieren.

2.2 Innovationskultur

Ebenso wie die Innovationsstrategie direkt an die übergeordnete Unternehmensstrategie gekoppelt ist, ist auch die Innovationskultur eng mit der gesamten Unternehmenskultur verbunden. Innovations- und Unternehmenskultur spielen für die Innovationskraft eines Unternehmens eine wichtige Rolle, auch wenn sie weitgehend ein theoretisches Konstrukt sind, das empirisch mit einigen Problemen verbunden ist.

Unter Unternehmenskultur ist die „Gesamtheit unternehmungsbezogener Werte und Normen (z.B. Einstellungen zum Kunden, zur Gesellschaft, zur Umwelt) zu verstehen, die einen prägenden Einfluss auf das Verhalten der Mitglieder einer Unternehmung hat" (Corsten et al., 2006). Die Innovationsbereitschaft stellt einen eigenständigen Wert im Rahmen der Unternehmenskultur dar, die sich in der Innovationskultur manifestiert. Im Mittelpunkt einer erfolgreichen Innovationskultur steht dann also die Schaffung einer innovationsfördernden Organisation.

Merkmale einer Innovationskultur, die sich in einer innovationsfördernden Unternehmenskultur widerspiegeln, sind (vgl. Corsten et al., 2006; Hauschildt, 2004):

- Systemoffenheit: Offenheit bezüglich der Unternehmensumwelt durch intensiven Informationsaustausch und Dialogbereitschaft sowie Offenheit für neue Anregungen und Wandel.
- Freiraum: Einräumung von Handlungsspielräumen für Mitarbeiter z.B. zur Entwicklung individueller Lösungsalternativen oder zur Ideenumsetzung auch über die eigentlichen Kompetenzbereiche hinaus.
- Offener Informations- und Kommunikationsstil: Informal geprägte Informations- und Kommunikationskulturen und -kanäle, auch über Organisationsgrenzen und Hierarchieebenen hinweg.

- Konfliktbewusstsein und Risikobereitschaft: Aus Konflikten kann oftmals Kreativität entstehen und Bemühungen um Innovationen sind vielfach von Fehlschlägen begleitet. Innovationsbewusste Unternehmen sollten daher in einem gewissen Maße Konflikte nicht scheuen und Misserfolge tolerieren.
- Mitarbeiterförderung: Unterstützung innovativer Mitarbeiter durch entsprechende Ressourcen und Aufgabenzuordnung sowie Rekrutierung von konfliktfähigen und lösungsorientierten Mitarbeitern.

Kaizen

Die japanische Philosophie des Kaizen hat das Streben nach ständiger Verbesserung zur Leitidee gemacht. Es wurde in der Übertragung auf Unternehmen zu einem Managementsystem weiterentwickelt, das in der westlichen Welt in vielen Unternehmen unter dem Begriff „Kontinuierlicher Verbesserungsprozess" (kurz KVP oder englisch CIP für „Continuous Improvement Process") Einzug gehalten hat. Es zielt weniger auf die sprunghafte Verbesserung durch radikale Innovationen als vielmehr auf die kontinuierliche Verbesserung (siehe Bild 2) unter Einbezug aller Führungskräfte und Mitarbeiter und umfasst:

- betriebliches Vorschlagswesen/Ideenmanagement,
- Weiterbildung der Mitarbeiter,
- mitarbeiterorientierte Führung,
- Kundenorientierung,
- Prozessorientierung,
- Qualitätsmanagement.

Im Sinne des Kaizen ist es die ständige Aufgabe jedes Mitarbeiters, in seinem Bereich „kreativ nach neuen Produkten oder Verfahren zu suchen und sich nach Kräften für deren Realisierung einzusetzen" (Hauschildt, 2004).

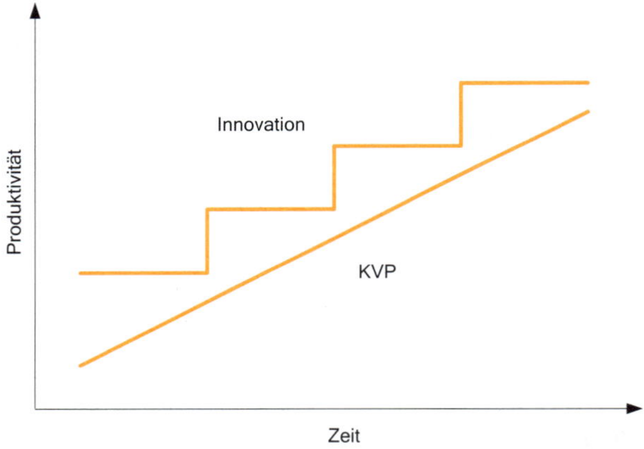

Bild 2: *Innovationssprünge versus kontinuierliche Verbesserung*

2.3 Aufgaben des Managements

So bedeutend Innovationen als Wachstumsfaktor für einen Wirtschaftsstandort und eine Volkswirtschaft sind (vgl. z.B. Institut der deutschen Wirtschaft Köln, 2006), so groß das Wachstumspotenzial für Unternehmen durch erfolgreiche Innovationen ist, stets ist die Entwicklung neuer Produkte und Verfahren für das einzelne Unternehmen oder den Unternehmensgründer mit erheblichen Risiken verbunden. Diese Risiken stellen sich vor allem in Form von Kosten dar, die nicht nur schwierig kalkulierbar sind, sondern denen auch äußerst unsichere Erträge gegenüberstehen. Deshalb hat das obere Management eine wichtige Führungsaufgabe für erfolgreiche Innovationsaktivitäten des Unternehmens. Die innovationsorientierte Führung durch das Topmanagement schlägt sich bei Erfolg über die verschiedenen Hierarchieebenen sowie die Zentralfunktion des Innovationsmanagers (siehe 2.4) bis an die Basis nieder.

Die innovationsorientierte Unternehmensführung im Sinne der beschriebenen Innovationskultur (siehe 2.2) erfordert von der einzelnen Führungskraft Qualitäten wie hohes Problemverständnis, strategisches sowie prozess- und netzwerkorientiertes Denken, exzellente Kommunikationsfähigkeit und noch vieles andere mehr. Innovationsorientiertes Führungswissen umfasst zusätzlich zu den allgemeinen Führungsfähigkeiten vor allem (vgl. Hauschildt, 2004):

- strategisches Wissen zur Einbindung der Innovation (Ziele, Restriktionen, Planungen),
- Wissen über Personen, die für Innovationen besonders relevant sind (Fähigkeiten),
- Wissen über Netzwerke zur Förderung von Innovationen (Kooperationspartner).

✓ **Innovationspotenziale**

Verfügt das Unternehmen nicht über die zur Generierung von Innovationen notwendigen Ressourcen, ist es Aufgabe des Managements, dafür Sorge zu tragen, dass die erforderlichen Potenziale lokalisiert und genutzt werden. Dies sind vor allem (vgl. Hauschildt, 2004):

- Potenziale zur Wissensgenerierung,
- Organisationspotenziale,
- Planungspotenziale,
- Vernetzungspotenziale,
- Kooperationspotenziale,
- Finanzierungspotenziale,
- Konfliktregulierungspotenziale.

Promotorenmodell

Erfolgreiche Innovationen resultieren nicht nur aus der Umsetzung kreativer Ideen, sondern zu weiten Teilen auch aus der Überwindung von Barrieren (siehe 3.10). Das Promotorenmodell ist ein prominenter Ansatz, der dem Innovationsmanager Möglichkeiten für eine Rollenverteilung zur Überwindung von Barrieren aufzeigt. Er zielt auf die Initiative und das Engagement ausgewählter Personen zur Unterstützung des Innovationsprozesses im Unternehmen, die sogenannten Promotoren.
Promotoren sind Personen, „die einen Innovationsprozess aktiv und intensiv fördern" (Witte, 1973). Unterschieden werden (vgl. Witte, 1973; Hauschildt und Chakrabarti, 1988):

- Der Machtpromotor beeinflusst den Innovationsprozess aufgrund seiner hierarchischen Stellung, indem er hilft, die Barriere des „Nicht-Wollens" zu überwinden.
- Der Fachpromotor beeinflusst den Innovationsprozess durch sein Fach- und Methodenwissen, indem er hilft, die Barriere des „Nicht-Wissens" zu überwinden.
- Der Prozesspromotor beeinflusst den Innovationsprozess durch seine besondere Kenntnis der Organisationsstruktur und der organisationsspezifischen Prozesse, indem er hilft, die Barriere des „Nicht-Dürfens" (organisatorische und administrative Widerstände) zu beseitigen.

2.4 Rolle des Innovationsmanagers

Der Innovationsmanager nimmt eine wichtige Rolle im Innovationsprozess ein. Die Position des Innovationsmanagers kann innerhalb einer Unternehmensstruktur unterschiedlich gelagert sein. So kann eine zentrale Stabsstelle eingerichtet werden, aber auch dezentrale Stellen oder moderne Modelle, die sich an Wiki-ähnlichen Organisationsstrukturen orientieren, sind möglich. Vielfach ist die Aufgabe des

Innovationsmanagers eine Zusatzfunktion, vor allem in Ergänzung zur Zentralstelle für die Erfüllung dieser Aufgabe in verschiedenen Geschäftsbereichen.

Die wesentliche Aufgabe des Innovationsmanagers ist es, die einzelnen Mitarbeiter und die Geschäftsleitung miteinander zu verknüpfen. Neben die systematische Planung und Organisation, Führung sowie Kontrolle kommen die folgenden konkreten Aufgaben eines Innovationsmanagers:

- Unternehmensstrategie und -ziele in eine Innovationsstrategie der Organisation übertragen,
- (Stretch-)Ziele zur langfristigen Erfolgskontrolle definieren,
- Innovationspotenziale der Organisation erkennen,
- Innovationsteams finden, zusammenstellen und führen,
- Mitarbeiter zur aktiven Teilnahme motivieren,
- Geschäftsleitung auf verbindliche Zusagen und Verantwortlichkeiten verpflichten,
- Organisation im Kontext Innovation nach innen und außen vertreten und Innovationsbelange kommunizieren,
- Konflikte erkennen und lösen – dazu zählt auch das Überwinden von Widerständen gegenüber Innovationen.

Der verantwortliche Manager muss jedoch an erster Stelle selbst ein Bewusstsein für die Notwendigkeit von Innovationen entwickeln und verinnerlichen. Nur so lässt sich das Ziel verwirklichen, die betreffende Organisation voranzubringen, und das Innovationsmanagement wird nicht zur nebensächlichen Routinearbeit. Um seine Aufgaben optimal wahrzunehmen, sollte ein Innovationsmanager über die folgenden Eigenschaften verfügen:

- Glaubwürdigkeit,
- Offenheit für Neues,
- hohe Motivation und Begeisterungsfähigkeit für neue Ideen, Zusammenhänge und Vorschläge,
- analytisches Denkvermögen,
- Zuverlässigkeit,
- Übernahme von Verantwortung,
- Akzeptanz bei allen beteiligten Parteien.

Der Innovationsmanager sollte darüber hinaus

- eine mittel- bis längerfristige Verbleibdauer innerhalb der Organisation haben, um den Erfolg der Arbeit sicherzustellen,
- den Mitarbeitern als Vorbild fungieren,
- über geschäftlichen Weitblick sowie grundlegendes Verständnis der Geschäftsprozesse verfügen.

Der Innovationsmanager trägt wesentlich zum Erfolg des Innovationsmanagements innerhalb eines Unternehmens bei. Deshalb sollte er von der Geschäftsleitung auch entsprechend unterstützt und gefördert werden. Arbeit und Aufwand eines Innovationsmanagers sind nur schwer dem wirtschaftlichen Erfolg der Unternehmung direkt zuzuordnen. Dennoch sind Innovationsmanager besonders wichtig, um den Erfolg des Innovationsmanagements als Ganzes zu ermöglichen. Deshalb ist die Auswahl einer geeigneten Person erforderlich und sollte durch die Geschäftsleitung unter Beachtung der Anforderungen und Aufgabenumfänge eines Innovationsmanagers mit der obligaten Sorgfalt durchgeführt werden.

2.5 Innovationsteams

Innovationen sind selten das Arbeitsergebnis Einzelner. Viel typischer ist es, dass Ideen und Innovationsvorhaben von einer mehr oder minder starren Gruppe von Individuen ausgehen. Um schließlich eine Innovation zu erzielen, ist es wichtig, die Idee oder das Projekt durch eine möglichst heterogene Gruppe entwickeln zu lassen, um die verschiedensten Aspekte bei der Entwicklung bedacht und abgedeckt zu haben.

Umfassende Untersuchungen von Anekdoten und Entwicklungshintergründen rund um das Thema Innovationsmanagement haben dazu geführt, dass in einer Studie im Kern zehn verschiedene Archetypen definiert wurden, die typischerweise in einem Innovationsteam auftreten können (Maree et al., 2006).

- Der couragierte Kapitän (Courageous Captain): Enthusiastisch, inspirierend und in die Zukunft schauend, energiegeladen widmet er sich seinem Ziel. Ihm wird Charakterstärke nachgesagt, er ist optimistisch, selbst motiviert und angesehen. Der Kapitän wird innerhalb der Organisation fast mythisch verehrt.
- Der inspirierende Coach (Inspiring Coach): Als wahrer Teamplayer unterstützt er andere und fühlt sich dem Erfolg des Teams verpflichtet. Er un-

courageous captain

terstützt, teilt sein Wissen und kommuniziert gern. Der Coach packt selbst mit an, kann aber auch mit Kritik umgehen.

- Das willige Opfer (Willing Victim): Zerfließt in Selbstmitleid und fühlt sich und die eigene Arbeit nicht wertgeschätzt. Als verdrießliche Person hat das Opfer eine pessimistische Grundeinstellung, schiebt die Schuld gerne anderen zu und ergreift keine Initiative. Wird von den Kollegen als egoistisch, überkritisch und blauäugig eingeschätzt.
- Der spießige Erbsenzähler (Narrow-minded Nitpicker): Detailverliebt mit einer eingeschränkten Perspektive, verliert sich in Einzelheiten. Mangel an Kommunikationsfähigkeit lässt ihn gerne allein oder zumindest in engen Grenzen arbeiten. Wird von seinem Umfeld als negatives Extremum angesehen.

narrow-minded nitpicker

- Der akribische Bürokrat (Meticulous Bureaucrat): Ist perfektionistisch mit Fokus auf Details. Er wird angetrieben von zeitlichen Vorgaben sowie Abgabefristen und ist sehr analytisch. Der Bürokrat gerät schnell in Konflikte mit anderen und lässt sich durch Fehlschläge stressen.
- Der ungeschickte Welpe (Clumsy Puppy): Ein neuer Mitarbeiter mit nur geringer Arbeitserfahrung. Unsicher und sehr enthusiastisch hört er nur wenig zu und benötigt konstruktives Feedback. Unterstützung und Beratung durch erfahrene Kollegen ist notwendig für weitere Schulung und die Entwicklung der Fähigkeiten.

- Der Sofa-Schiri (Couch Referee): Wird von den Kollegen meist als sehr fordernd, anstrengend und arrogant eingeschätzt. Ein Besserwisser mit unrealistischen Erwartungen. Fühlt sich und seinen Input kaum beachtet.
- Der quietschfidele Forscher (Bright-eyed Bushy-tailed Researcher): Meist jung und enthusiastisch, zielorientiert. Hochproduktiver Leistungstyp, der sich selbst seine Ziele steckt. Das verlässliche Organisationstalent verfügt über Managementfähigkeiten, durch die es oft ans Büro gefesselt ist; dadurch sieht es das größere Forschungsbild nicht.

- Der intellektuelle Einzelgänger (Intellectual Maverick): Visionär mit Einblick in das große Gesamtbild und einem breiten Wissensspektrum. Als Querdenker genießt er die Lösung komplexer Probleme. Liebt die Herausforderung, nicht risikoscheu, entwickelt eine Idee konzeptionell. Wird als charakterstark angesehen und hat Einblick in das Marktgeschehen.
- Der unerschrockene Forschungsreisende (Intrepid Explorer): Liebt es, neue Wege zu gehen, und ist ein Querdenker. Als unternehmungslustiger Geist liebt er Herausforderungen. Übernimmt gern die Initiative und macht den ersten Schritt. Der Forschungsreisende ist aber auch schnell gelangweilt und braucht deshalb eine konstante Stimulation. Wird von den Kollegen als arrogant, individualistisch, voreingenommen und komplex angesehen.

Diese zehn Archetypen sind unterschiedlich stark vertreten. Viele dieser Archetypen verfügen über gemeinsame Stärken und Schwächen, sodass eine konkrete und einmalige Einordnung von Mitarbeitern in einen Typ meist nicht möglich ist. Vielmehr ist bei den meisten Mitarbeitern eine Entwicklung zu beobachten, die zum einen ihr Wissen und ihre Erfahrungen, aber auch ihre Persönlichkeit und ihre soziale Kompetenz betrifft. Deshalb sollte bei der Auswahl einzelner Mitarbeiter für ein Innovationsprojekt jeweils die konkrete Aufgabenstellung und Gesamtkonstellation eines Teams beachtet werden. So verfügen auch die hier eher negativ konnotierten Typen über notwendige und sinnvolle Eigenschaften, die wesentlich zum Projekterfolg beitragen, wie z. B. Projektmanagement- und Kritikfähigkeit. Dementsprechend können alle Archetypen produktiv und konstruktiv eingesetzt werden, zumal es immer verschiedenste Aufgaben zu bewältigen gilt.

2.6 Innovationscontrolling

Controlling bezeichnet die Planung, Kontrolle und Informationsversorgung im Sinne einer koordinierten Steuerung von Betriebs- und Geschäftsprozessen. Controlling gleicht also die Durchführung (kritischer Nachvollzug) mit der Planung (gedanklicher Vorvollzug) ab. Damit steht Controlling im Dienste von Effektivität, also Grad der Zielerreichung, und Effizienz, also Mittelaufwand zur Zielerreichung.

Innovationscontrolling im Sinne einer systematischen, durchgängigen Planung und Kontrolle des gesamten Innovationsprozesses ist ein, wenn auch nicht komplett neues, so doch zumindest nur in einzelnen Ansatzpunkten bearbeitetes Feld. Bisherige Ansätze zum Innovationscontrolling verstehen sich meist als Bewertungen in den frühen Phasen des Innovationsprozesses. Das gilt beispielsweise im Sinne von Innovations- und Ideenbewertungen (siehe 4 und 5.4) oder Kontrollen einzelner Prozessschritte wie Quality Gates (siehe 3.1) auf der einen Seite oder dann als Controlling von Innovationsprojekten im Zuge der Umsetzung, also als herkömmliches Projektcontrolling (z. B. Littkemann, 2005), auf der anderen Seite.

Für ein pragmatisches, praxistaugliches Innovationscontrolling wird hier daher ein Instrumentenmix vorgeschlagen, der auf bewährte Controllinginstrumente und Innovationsmanagementmethoden aufsetzt. Der konzeptionelle Rahmen eines solchen Instrumentenmixes für das Innovationscontrolling besteht aus:

- regelmäßigen Innovationsanalysen zur Beurteilung und Verbesserung der Innovationsfähigkeit auf der Ebene des Gesamtunternehmens oder von einzelnen Unternehmenseinheiten (siehe 4.1);
- systematischen Innovationsprozessen mit Quality Gates und durchgängiger Kontrolle durch Bewertungen an den einzelnen Gates sowie über mehrere Prozessschritte bzw. den Gesamtprozess (siehe 3.1);
- bewährtem Projektcontrolling für die Umsetzung von Innovationsprojekten.

Die inhaltliche, praktische Ausgestaltung dieses Rahmens erfolgt durch die entsprechenden Instrumente und Methoden aus den jeweiligen Bereichen, die an anderer Stelle erläutert (siehe Verweise) bzw. in der unternehmerischen Praxis üblicherweise gut beherrscht werden (wie das Projektcontrolling). Eine recht gute Übersicht bieten dazu auch Möller et al. (2011). Die frühen Innovationsphasen sollten dabei explizit in den Bewertungsrahmen einbezogen werden.

Für ein durchgängiges Innovationscontrolling auf Basis des hier pragmatischerweise vorgestellten Rahmens ist es aber unverzichtbar, eine systematische Verknüpfung der einzelnen Instrumente dieses Mix herbeizuführen, um sowohl an den jeweiligen Prozessschritten als auch in der Gesamtsicht Effektivität und Effizienz beurteilen zu können. Reifegradmodelle für das Innovationsmanagement, wie sie sich derzeit in Entwicklung und industrieller Erprobung befinden (vgl. Müller-Prothmann und Stein, 2011), können den hier aufgespannten Rahmen zusätzlich zur Erfassung und Umsetzungsgestaltung von Innovationscontrolling mit engen Anbindungen an das Projekt- und Qualitätsmanagement unterstützen.

3 Innovationsprozesse

3.1 Von der Idee zum Produkt

Der Innovationsprozess umfasst alle Phasen von der Ideenentwicklung bis zur Produktumsetzung. Die Einteilung der Phasen wird in der Literatur verschieden dargestellt und variiert im Detailgrad. Grundsätzlich lassen sich die folgenden Phasen des Innovationsprozesses unterscheiden:

- Ideengenerierung, -entwicklung und -bewertung,
- Ideenauswahl und Kick-off zur Umsetzung eines (Vor-/ Technologie-) Entwicklungsprojekts,
- Vor-/Technologieentwicklung, Machbarkeitsnachweis (Prototyp) und Kick-off für die Produktentwicklung,
- Produktentwicklungsprozess,
- Produktion und Markteinführung.

Diese Phasen sind hier in der weitverbreiteten Form des Innovationstrichters dargestellt (siehe Bild 3), in den eine

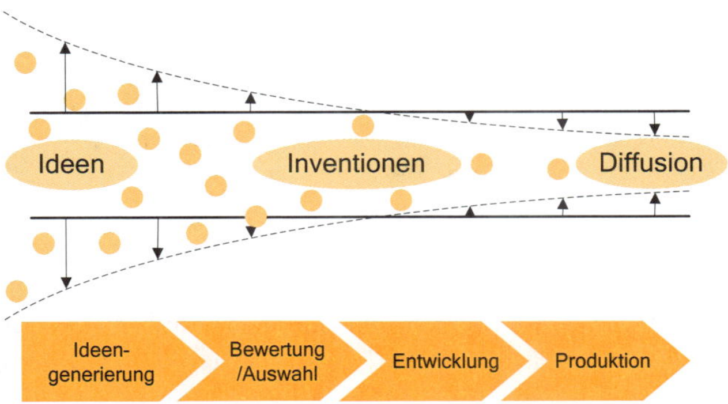

Bild 3: *Innovationstrichter*

Vielzahl von Ideen hineingeht, aus denen ein kleiner Teil ausgewählt wird, noch weniger in Produktentwicklungen umgesetzt und schließlich nur ganz wenige in Form neuer Produkte auf den Markt gebracht werden. Innerhalb eines konkreten Innovationsprojektes befinden sich sogenannte Quality Gates als besondere Meilensteine zwischen den einzelnen Phasen, die von den Ergebnissen aus der Vorphase abhängig sind (siehe auch den Pocket Power-Band 041 Prozessoptimierung mit Quality Engineering).

Stage-Gate®-Modell

Das Stage-Gate-Modell nach Robert G. Cooper spielt für die Praxis im Innovationsmanagement eine besondere Rolle, da es den Ansatz von Quality Gates insbesondere für das Multiprojektmanagement hervorhebt, wie es bei Innovationsprozessen im Unternehmen meist üblich ist. Es zielt darauf ab, Ressourcen effizient auf parallel ablaufende Innovationsprojekte zu verteilen oder auf wenige zu konzentrieren sowie Risiken zu reduzieren.
Im Stage-Gate-Modell wird der Innovationsprozess in sequenziell ablaufende Phasen zerlegt und nach jeder Phase an einem Gate der Projektfortschritt überprüft sowie über den weiteren Fortgang entschieden (siehe Bild 4). In einer Weiterentwicklung des Modells wird explizit die Möglichkeit einer Überlappung zwischen den einzelnen Phasen berücksichtigt. Beispiele für Inhalte und Outputs (Deliverables) der einzelnen Stages sind in Tabelle 2 dargestellt.

Lineare Prozessmodelle mit einem sequenziellen Ablauf der einzelnen Phasen vermitteln zwar ein gutes Grundverständnis von Innovationsprozessen, bilden die Realität aber nur ungenügend ab und sind für das Innovationsmanagement in der Praxis oftmals wenig hilfreich. Neuere Ansätze modellieren Innovationsprozesse in Form von iterativen

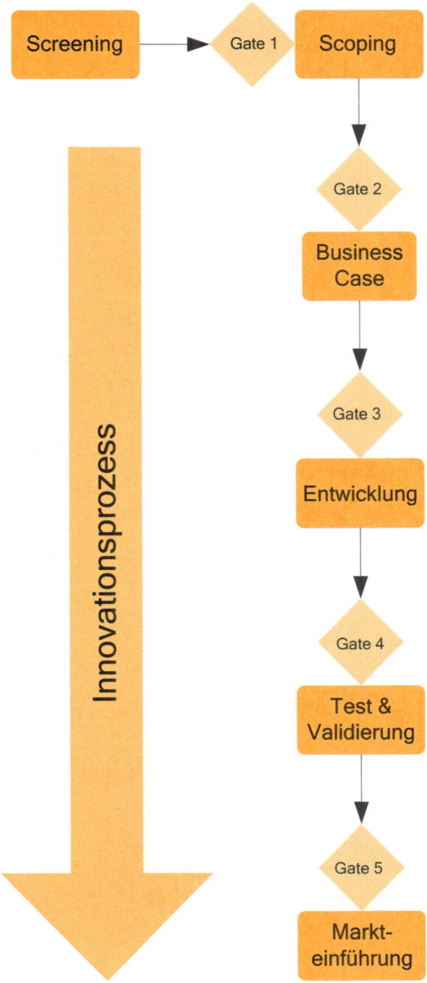

Bild 4: *Stage-Gate-Prozess (nach: Cooper, 2002)*

Stage	Inhalt	Output
Discovery	Screening (Entdeckung, Ideenfindung)	Idee für neues Produkt
Stage 1	Scoping (Festlegung der Reichweite)	Strategische und Risikoabschätzung
Stage 2	Business Case (Absteckung des Rahmens)	Produkt-, Ablauf-, Organisationsdefinition; Geschäftsmodell; Aktionsplan
Stage 3	Entwicklung	Design, Prototyp, Produktionsplan
Stage 4	Test & Validierung	Testergebnisse; Anpassungen für Markteinführung/Roll-out
Stage 5	Markteinführung	Markteinführung/Roll-out, Produktion, Distribution, Qualitätssicherung

Tabelle 2: *Stufen, Inhalte und Outputs im Stage-Gate-Prozess (nach: Cooper, 2002)*

Schleifen, bei denen die verschiedenen Phasen mehrfach, teilweise auch parallel durchlaufen werden, und berücksichtigen damit verbundene Lernprozesse. Ein Beispiel, das in verschiedenen Variationen und Ergänzungen weiterentwickelt wurde, ist das Chain-linked Modell (Kline und Rosenberg, 1986; siehe Bild 5). Bedeutsam in diesem Modell sind die eigenständige Berücksichtigung eines Wissenspools, die Entkopplung der Forschung von den übrigen Teilprozessen und die Abbildung von Feedback-/Feedforward-Schleifen. Gerade hinsichtlich der Gestaltung von Kooperationsprozessen in einem integrierten Innovations- und Wissensmanagement

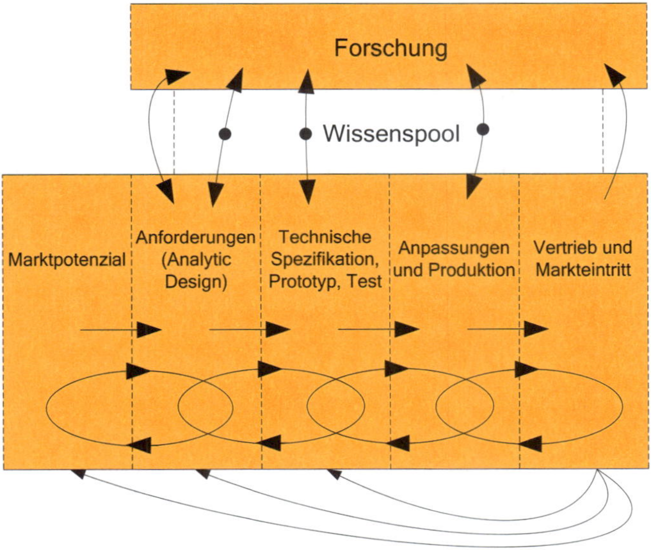

Bild 5: *Chain-linked Modell (in Anlehnung an: Kline und Rosenberg, 1986)*

sind solche Modelle für die praktische Umsetzung ein großer Erkenntnisgewinn (siehe auch 7.1).

3.2 Forschung

Forschung im Sinne von Grundlagenforschung sind alle Aktivitäten, „die eine wissenschaftliche Erkenntnisgewinnung zum Ziel haben, ohne dass diese auf eine spezifische Anwendungsmöglichkeit gerichtet ist" (Corsten et al., 2006). Ein unmittelbarer Anwendungsbezug wird damit nicht komplett ausgeschlossen, dieser ist aber nicht der Ausgangspunkt.

Grundlagenforschung ist ursprünglich vor allem die Domäne der Universitäten sowie anderer Forschungseinrichtungen. In der Industrie wird sie nur in geringem Umfang durchgeführt, da zum einen eine hohe Unsicherheit hinsichtlich der Erreichbarkeit der wissenschaftlichen Ziele und ihrer Verwertungsmöglichkeiten besteht und zum anderen die Planungshorizonte in der Regel über denen in der Industrie liegen. Diese Abgrenzung ist aber nicht trennscharf, da sowohl an Universitäten zunehmend anwendungsorientiert geforscht wird als auch beispielsweise in forschungsintensiven Technologiezweigen wie der Biotechnologie in der Industrie grundlegende Forschungsleistungen mit langen Planungshorizonten erbracht werden.

Für die Innovationsmanagementpraxis erweist sich das bereits dargestellte Chain-linked Modell (siehe Bild 5) als hilfreich, in dem die Forschung von den übrigen Teilprozessen entkoppelt betrachtet wird. Unter dieser Perspektive wird Forschung als eine Serviceleistung für den Innovationsprozess gesehen. Das bedeutet, Forschung ist nicht Voraussetzung des Gesamtprozesses, sondern in jeder Phase für die gezielte Lösungssuche verfügbar. Forschung und Innovationsprozess greifen auf einen gemeinsamen Wissenspool zu und erweitern diesen durch neu gewonnene Erkenntnisse. Ob die Forschung unternehmensintern oder -extern, wie z. B. an Universitäten, erbracht wird, ist unter dieser Betrachtung nicht relevant. Die Sicherstellung der Verfügbarkeit des relevanten Wissens durch Zugriff auf den Wissenspool ist Aufgabe des Innovationsmanagements oder spezialisierter Transfereinrichtungen und Netzwerkkoordinatoren.

3.3 Technologieentwicklung

Technologien unterliegen dynamischen und komplexen Veränderungen, die meist nicht linear sind, sondern diskontinuierlich und in Sprüngen verlaufen. Das Management von Technologieentwicklung beinhaltet daher auf einer ganz grundlegenden Ebene vor allem die Entscheidung über Fortführung oder Ersatz von alten Technologien durch neue in Abhängigkeit von deren Leistungsfähigkeit und dem damit verbundenen wirtschaftlichen Aufwand. Wie in Bild 6 dargestellt, ist zum Zeitpunkt x die Leistung einer (bestehenden) Technologie I dominierend über die (neue, substituierende) Technologie II (Leistungsniveau L0 gegenüber L1). Mit einem Aufwand (A1) kann die bestehende Technologie I auf ein höheres Leistungsniveau (L2) gehoben werden, für das bei

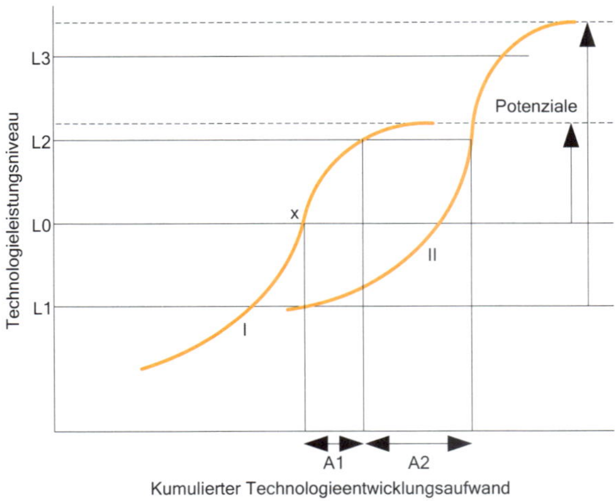

Bild 6: *Management von Diskontinuitäten (nach: Foster, 1986)*

der substituierenden Technologie ein zusätzlicher Aufwand (A2) notwendig wäre. Es gilt also abzuschätzen, ob der zusätzliche Mehraufwand durch eine mögliche zukünftige Leistungssteigerung (L3) gerechtfertigt ist. Weitere wesentliche Merkmale von Technologien sind neben dieser Dynamik in der Entwicklung deren Potenzial und Reifegrad sowie deren Substituierbarkeit durch mögliche andere Technologien (vgl. Perl, 2007).

Vielfach üblich ist eine Einteilung von Technologien nach deren Verbreitungs- und Neuheitsgrad. Unterschieden werden hierbei (siehe Bild 7):

- Basistechnologien haben ihre Wachstumsphase bereits überschritten und stellen den Standard der Anwendung in einer Branche dar. Sie müssen einerseits zwar beherrscht

Bild 7: *Technologieklassen (aus: Perl, 2007)*

werden, bieten andererseits aber keine Differenzierung gegenüber dem Wettbewerber. Investitionen in Basistechnologien werden, wenn überhaupt, nur in geringem Ausmaß getätigt.

- Schlüsseltechnologien stehen in der Mitte des Lebenszyklus und befinden sich in einer starken Wachstumsphase. Sie werden in einer Branche von den einzelnen Unternehmen unterschiedlich gut beherrscht und bieten daher erhebliche Differenzierungspotenziale gegenüber der Konkurrenz.
- Schrittmachertechnologien stehen ganz am Anfang des Lebenszyklus und sind die potenziellen Schlüsseltechnologien von morgen. Sie befinden sich in der Entwicklung und haben den für eine breite Anwendung erforderlichen Reifegrad noch nicht erreicht. Daher herrscht bezüglich ihrer technischen Realisierbarkeit und damit auch ihrer Anwendungspotenziale große Unsicherheit.

Über diese verbreitete Einteilung hinaus werden von einigen Autoren zusätzlich die Zukunftstechnologien aufgeführt (auch als „embryonische Technologien“ bezeichnet). Diese stehen noch vor den Schrittmachertechnologien im ganz frühen Stadium der Entwicklung oder sogar der Grundlagenforschung. Dadurch sind sie bezüglich ihrer Potenziale von extremer Unsicherheit geprägt.

Das Vorgehen für einen Masterplan zur Formulierung und Implementierung von Technologiestrategien ist in Bild 8 dargestellt. Ein wichtiges strategisches Instrument für die Technologieentwicklung ist die Portfoliotechnik (siehe 4.8).

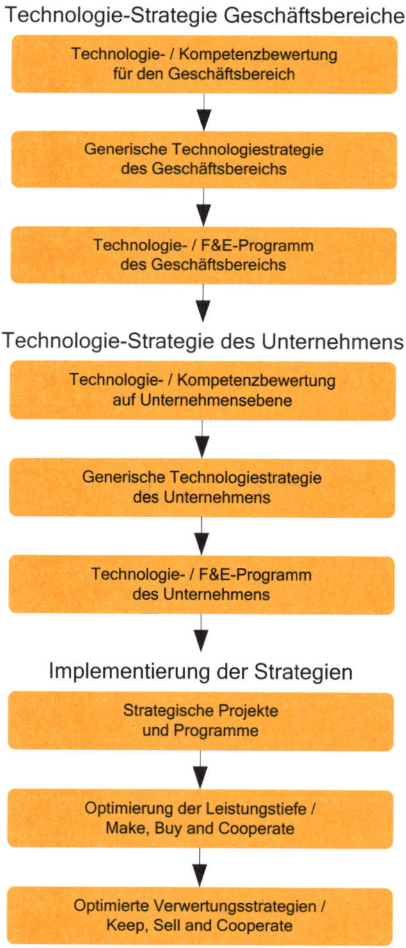

Bild 8: *Masterplan für Formulierung und Implementierung von Technologiestrategien (nach: Gerybadze, 2004)*

Make or Buy or Cooperate

Eine wichtige Frage, die für die Technologieentwicklung stets geklärt werden sollte, ist die Entscheidung darüber, ob ein Unternehmen eine Technologie selbst entwickelt oder diese extern bezieht. Diese Entscheidung beinhaltet sowohl die für die Technologieentwicklung erforderlichen Fähigkeiten als auch die Aufwendung der dafür benötigten Ressourcen. Wichtige Faktoren für die Entscheidungsfindung sind die Verfügbarkeit in der erforderlichen Quantität und Qualität von

- Know-how,
- personellen Kapazitäten,
- finanziellen Ressourcen,
- technischer Ausstattung,
- Zeit.

Auf Basis einer realistischen Einschätzung der verschiedenen Faktoren ergeben sich dann nicht nur die zwei Optionen von „Make" oder „Buy", sondern drei Möglichkeiten für die Technologieentwicklung:

- „Make": eigene Durchführung der Entwicklung (interne F&E);
- „Buy": Vergabe eines Fremdauftrags (externe F&E);
- „Cooperate": F&E-Kooperation mit Partnern (siehe 3.9).

Darüber hinaus gilt es aber auch, die strategische Dimension der Entscheidung zu berücksichtigen, die letztendlich sogar ausschlaggebend sein kann. Eigene F&E („Make") zeichnet sich vor allem durch folgende Vorteile aus: eigenständige Kontrolle des Entwicklungsprozesses, Vermeidung von Abhängigkeiten, Exklusivität des erworbenen Know-how, maßgeschneiderte Anpassung an die eigenen Bedürfnisse, Aufbau einer (temporären) Monopolstellung durch Patentierung, Prestige- und Imagevorteile. Dem stehen als Nachteile vor allem zeitlicher und finanzieller Aufwand sowie das alleinige Tragen der Entwicklungsrisiken gegenüber.

Nicht empfehlenswert ist die Auslagerung von Entwicklungsaufgaben, bei denen

- das Unternehmen über hohe technologische Kompetenz verfügt,
- hohes Differenzierungs- oder Kostensenkungspotenzial gegeben ist,
- große Weiterentwicklungschancen bestehen,
- hohe Synergiepotenziale mit anderen Anwendungsbereichen im Unternehmen genutzt werden können,
- geringe technische Risiken vorhanden sind,
- die Technologien in dieser oder veränderter Form häufig gebraucht werden,
- die Technologieentwicklung nicht zeitkritisch ist.

(Gelbmann und Vorbach, 2007)

3.4 Vorentwicklung

Die systematische Vorentwicklung ist eine wichtige Phase in Innovationsvorhaben. Denn gerade die frühen Innovationsphasen stellen vielfach die Weichen auf Erfolg oder Misserfolg: Die Vorentwicklung unterscheidet Gewinner von Verlierern (Cooper, 1988).

Im Zentrum der Vorentwicklung steht der Einsatz innovativer Entwicklungen, vor allem also von Technologien, für konkrete Produkte, bevor diese dann in der eigentlichen Produktentwicklung zur Marktreife geführt werden. Die Vorentwicklung umfasst (siehe Bild 9):

- Ideengenerierung: Konzeption der Produktidee an sich,
- Produktdefinition: Definition des Neuprodukts einschließlich dessen Positionierung, Nutzen und Design (technische Merkmale, Eigenschaften, Spezifikationen),

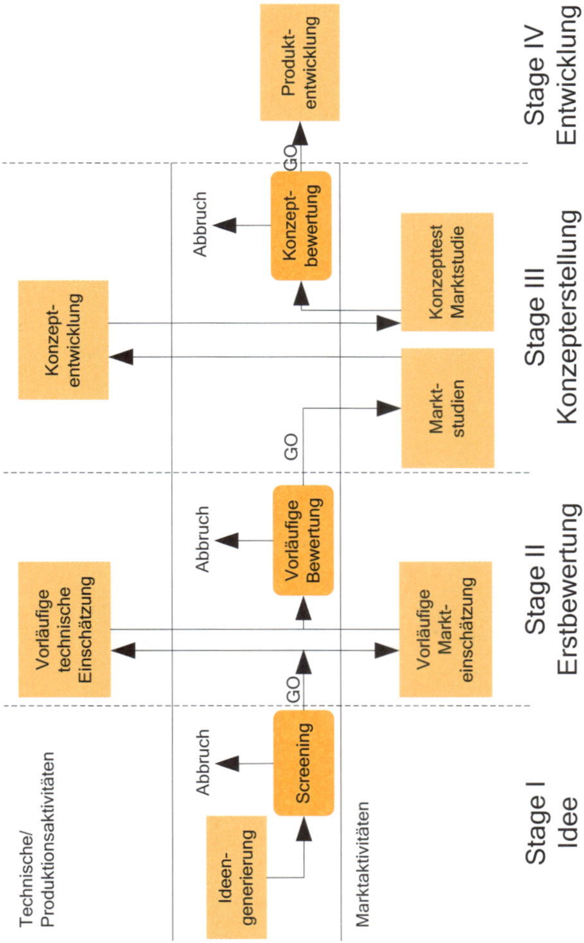

Bild 9: *Vorentwicklungsprozess (nach: Cooper, 1988)*

- Projektevaluation: Bewertung der Umsetzung eines Entwicklungsprojekts unter Berücksichtigung von Vermarktung, Technik, Herstellung und Finanzen.

Viele der Aufgaben und Prozesse, die der allgemeinen Funktion des Innovationsmanagements zugeordnet werden, beziehen sich eigentlich auf die Phase der Vorentwicklung. Dazu gehören zu weiten Teilen auch die in den nachfolgenden Kapiteln 4, 5 und 6 dargestellten Ansätze und Methoden.

Als Abschluss der Vorentwicklung steht in der Regel die Bewertung der Machbarkeit. Auf Basis der Bewertung der Machbarkeit kann dann über die Umsetzung eines Entwicklungsprojekts als nächsten Schritt entschieden werden. Beleg für die technische Machbarkeit ist die Konstruktion eines Prototyps, dessen Entwicklung den Abschluss der Phase der Produktentwicklung bildet.

Nachweis der Machbarkeit

Die Vorentwicklung hat im Kern den Nachweis der Machbarkeit von Innovationen als Aufgabe. Der Nachweis der Machbarkeit ergibt sich insbesondere aus:

- technischen Anforderungen,
- funktionalen Anforderungen,
- nicht funktionalen Anforderungen,
- Kundenanforderungen.

Im Zuge des Nachweises der Machbarkeit gilt es zu klären, welche Anforderungen besonders wichtig und damit möglicherweise K.-o.-Kriterien sind. Hilfreich ist die Nutzung von entsprechenden Metriken zur Bewertung der Machbarkeit, die als Entscheidungsunterstützung für den Anstoß des Entwicklungsprojekts herangezogen werden können.

3.5 Produktentwicklung

Eine positive Bewertung der Machbarkeit als Abschluss der Vorentwicklung ist die Basis für die Projektfreigabe zur Produktentwicklung. Zielmarkt, Produktkonzept sowie Nutzen und Anforderungen stehen fest. Ziel der Produktentwicklung ist die Konstruktion des Prototyps bzw. die Erstellung eines Produktmusters, die dann zur Serienreife gebracht werden. Dazu bedarf es einer Umsetzung der allgemeinen und funktionalen Anforderungen (Requirements) in eine technische Spezifikation.

Für das Management des Produktentwicklungsprozesses ist der erfolgreiche Umgang mit einigen weitverbreiteten Unwägbarkeiten und Risiken eine zentrale Aufgabe. Dazu gehört vor allem der Umgang mit etwaigen Ungenauigkeiten und Änderungserfordernissen (z.B. aus Kundenanforderungen oder aufgrund von Marktveränderungen) bei der Spezifikation. Eng damit verbunden ist die zweite große Herausforderung: die Verkürzung von Entwicklungszeiten. Zu lange Entwicklungszeiten und Verzögerungen bergen die große Gefahr, dass sich Entwicklungsziele, Kundenanforderungen oder gar die gesamte Marktlage ändern. Nicht einfacher gestaltet sich diese Herausforderung vor dem Hintergrund der Tatsache, dass es sich bei der Produktentwicklung meist um die längste und schwierigste Phase eines Innovationsprojekts handelt. Trotzdem darf eine schnelle Entwicklung nicht auf Kosten der Qualität gehen und auch das vorgegebene Projektbudget muss eingehalten werden.

An dieser Stelle kommen bewährte Methoden des Projektmanagements zum Einsatz, um den genannten Herausforderungen zu begegnen. Dazu gehört die Definition von Meilensteinen. Zusätzlich gewinnen beispielsweise zunehmend

Feedback-Loops zum kontinuierlichen Abgleich mit Kundenanforderungen immer mehr an Bedeutung. Insgesamt wird der Produktentwicklungsprozess vermehrt in kleinere iterative Prozesse zerlegt, die leichter zu steuern sind. Ein solcher Ansatz ist am Beispiel des Rapid Product Development beschrieben.

Als Abschluss der Produktentwicklung steht der Prototyp, der geprüft und für gut befunden sowie möglichst bereits durch Einbezug von (Test-)Kunden auch aus deren Perspektive positiv bewertet wird. Dieser Prototyp (bzw. das Produktmuster) geht danach in das Stadium der Erprobung und Bestätigung durch abschließende Tests. Wenn diese erfolgreich erbracht sind, gilt es, das reife Produkt bis zur Serienfertigung und letztlich auf den Markt zu bringen.

Reduzierung von Entwicklungszeiten

Die Berücksichtigung der folgenden Tipps im Produktentwicklungsprozess kann helfen, die Entwicklungszeiten zu reduzieren:

1. Machen Sie es gleich beim ersten Mal richtig.
2. Mit der richtigen Vorarbeit und einer klaren Produktdefinition ersparen Sie sich viel Zeit.
3. Stellen Sie ein multifunktionales Team mit Verantwortung zusammen.
4. Nutzen Sie die Vorteile einer parallelen statt sequenziellen Bearbeitung von Aufgaben.
5. Setzen Sie Prioritäten und teilen Sie Ihre Ressourcen entsprechend gezielt und konzentriert ein.

(Cooper, 2002)

Rapid Product Development

Die Verkürzung von Produktentwicklungszeiten und damit letztendlich die schnellere Erreichung der Marktreife von Neuprodukten hat angesichts eines zunehmend globalisierten Wettbewerbsdrucks immer mehr an Bedeutung gewonnen. Zugleich muss trotz einer beschleunigten Innovationsdynamik auf differenzierte Kundenwünsche eingegangen werden. Zu diesem Ziel nutzt die Methode des Rapid Product Development (RPD) ein evolutionäres Vorgehen. Im Zentrum stehen die Bearbeitung verschiedener konkurrierender Lösungsalternativen in parallel verlaufenden Iterationszyklen und ihre zeitnahe Anpassung an sich verändernde Marktbedingungen, Kundenwünsche und Erkenntnisfortschritte. Im Sinne eines „survival of the fittest" wird zu einem späteren Zeitpunkt über die Auswahl von Produktansätzen und -varianten für die abschließenden Entwicklungsphasen entschieden.
Die wichtigsten Merkmale des Rapid Product Development sind:

- Fokussierung auf frühe Entwicklungsphasen,
- parallele Entwicklung alternativer Produktkonzepte,
- schnelle iterative Schleifen über kurze Zeiträume von der Konstruktionsidee bis hin zur Bewertung,
- späte Festlegung und Spezifikation des Produkts,
- schnelle Erstellung von physischen, virtuellen und hybriden Prototypen,
- frühes Ergebnisfeedback,
- Optimierung der erfolgsrelevanten Faktoren Kosten, Zeit und Qualität.

(Bertsche und Bullinger, 2007)

3.6 Dienstleistungsentwicklung

Die Dienstleistungsentwicklung steht im Innovationsprozess auf der gleichen Stufe wie die Produktentwicklung. Ihr ist jedoch hier ein eigener kurzer Abschnitt gewidmet, da die Entwicklung einer Dienstleistung einige Besonderheiten aufweist, die sie von der eines Produkts unterscheidet.

Eine grundlegende Eigenschaft von Dienstleistungen ist ihre Immaterialität im Zuge des Wertschöpfungsprozesses (Potenzialdimension) sowie die Integration von externen Faktoren für ihre Produktion (Prozessdimension). Zum Beispiel fallen im Sinne des „Uno-actu-Prinzips" Produktion und Konsum einer Dienstleistung zeitlich zusammen oder die Dienstleistungserbringung ist an materielle Güter gekoppelt wie bei Service- und Wartungsleistungen. Eine Dienstleistungsinnovation („Service Innovation") kann dann entweder durch die Veränderung des Prozesses der Erbringung einer bereits existierenden Dienstleistung oder durch die Generierung einer ganz neuen Dienstleistung hervorgebracht werden.

Neben dieser Prozessdimension ist gerade für die Entwicklung von Dienstleistungsinnovationen deren Potenzialdimension entscheidend. Damit ist gemeint, dass sich Dienstleistungen in der Regel zunächst als angebotene Leistungspotenziale darstellen, also als eine Bereitschaft zur Leistungsfähigkeit im Unterschied zur Leistungserbringung. Damit ist gerade die Phase der Dienstleistungsentwicklung als deren eigentliche Implementierung grundsätzlich von der Produktentwicklung verschieden, während die frühen Phasen wie beispielsweise zur Ideengenerierung bei beiden durchaus vergleichbar sind. Die Implementierung der Dienstleistung als Realisierung der zuvor entworfenen Idee und ihrer weiteren Entwicklung konzentriert sich vor allem auf die unterstützenden Maßnahmen im Vorfeld ihrer Einführung im Unternehmen und Markt bzw. letztendlich ihrer Durchführung beim Kunden. Dazu gehören in erster Linie organisatorische und personelle Maßnahmen sowie die Bereitstellung der benötigten technischen Infrastruktur.

In Industrieunternehmen bestehen große Potenziale für Dienstleistungsinnovationen zur Flankierung der übrigen Produktangebote. Die Entwicklung innovativer Dienstleistungen wird hier insbesondere durch die folgenden drei Faktoren motiviert (Gebauer et al., 2008):

- strategische Überlegungen zur Differenzierung gegenüber den Wettbewerbern;
- Erschließung finanzieller Potenziale, insbesondere durch produktnahe Dienstleistungen, die meist eine deutlich höhere Marge erwirtschaften als Neuproduktgeschäfte;
- Anpassung an veränderte Kundenbedürfnisse.

Dienstleistungsstrategien umfassen das Dienstleistungsangebot und das Wachstumsportfolio, bestehend aus den Wachstumspotenzialen selbst (primäre versus ergänzende Kundenaktivitäten) und der Art ihrer Entstehung (Angebotserweiterung entlang der Kundenaktivitäten versus Verschiebung der Durchführung zum Dienstleister). Entlang dieser Dimensionen lässt sich mittels Portfoliotechnik (siehe 4.8) eine Strategie für Dienstleistungsinnovationen entwickeln.

3.7 Open Innovation

Der Erfolg einer Idee zeigt sich am Markt und somit beim Kunden (siehe 1.1). Das Ziel eines Innovationsvorhabens ist also immer die Erfüllung eines (latent) bestehenden Bedürfnisses. Nur wenn der Kunde erkennt, dass sein Problem gelöst wurde und er einen Mehrwert daraus zieht, kann das Produkt oder die Dienstleistung erfolgreich vertrieben werden. Innovationen sind also nicht Selbstzweck, um eine neue Technologie einzuführen, sondern zielen auf den Kunden ab.

Der Begriff der Open Innovation wurde von Henry W. Chesbrough (2003) geprägt. Der Open-Innovation-Prozess ist als Öffnung des Unternehmens gegenüber seiner Umwelt zu verstehen (siehe Bild 10). Ursache dieser systematischen Öffnungsbewegung hin zu einer Einbeziehung der Umwelt ist die erhöhte Geschwindigkeit des Wirtschaftsgeschehens. Globalisierung und damit verbunden steigende Wettbewerbsintensität, Verkürzung der Produktlebenszyklen und ein insgesamt höherer Innovationsdruck sind die treibenden Faktoren, die zu Optimierungsanstrengungen des Innovationsprozesses führen (vgl. Gassmann und Enkel, 2006).

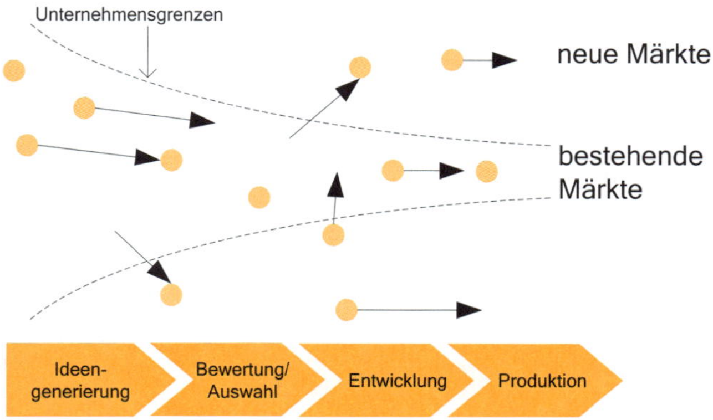

Bild 10: *Open-Innovation-Prinzip (in Anlehnung an: Chesbrough, 2003)*

Im klassischen, geschlossenen Innovationsmanagement nimmt der Kunde eine überwiegend passive Rolle ein und wird lediglich beobachtet oder befragt (vgl. Dahan und Hauser, 2002). Dem Trend Open Innovation folgend werden Kunden und andere Stakeholder zunehmend direkt in den Innovationsprozess eingebunden und somit zu aktiv agierenden Partnern.

Open-Innovation-Prinzipien

- Um erfolgreich zu sein, sollten sowohl interne als auch externe Ideen bestmöglich genutzt werden.
- Nicht alle Experten auf einem Gebiet arbeiten für ein Unternehmen. Enge Zusammenarbeit mit Experten innerhalb und außerhalb einer Organisation ist notwendig.
- Externe Forschung und Entwicklung kann einen signifikanten Wertzuwachs schaffen. Die interne Forschung und Entwicklung einer Organisation muss einen Anteil daran haben.
- Die Forschungs- und Entwicklungsergebnisse müssen nicht aus dem eigenen Unternehmen stammen, damit es davon profitieren kann.
- Es ist besser, ein erfolgreicheres Geschäftsmodell zu entwickeln, als unbedingt Erster am Markt zu sein.
- Die Verwertung von eigenen Forschungs- und Entwicklungsergebnissen muss nicht stets intern erfolgen, sondern kann auch durch Auslizenzierung an Dritte profitabel gemacht werden.

Bei der Umsetzung zur Open Innovation lassen sich drei Ansätze erkennen. Jeder dieser Ansätze setzt jedoch die Fähigkeit voraus, Wissensmanagement aktiv zu betreiben (siehe 7.1). Nur wenn die Organisation die Fähigkeit und den Willen besitzt, internes Wissen zu externalisieren und/oder externes Wissen in internes umzuwandeln, kann Open Innovation erfolgreich angewandt werden. Die drei Ansätze von Open Innovation sind (Gassmann und Enkel, 2006):

- Der Outside-in-Prozess nutzt außerhalb des Unternehmens generierte Ideen und Wissen von Lieferanten, Kunden und sonstigen Partnern. Das externe Wissen wird in das Unternehmen aufgenommen und integriert. Erik von Hippel (1986) hat mit der Lead-User-Methodik eine Möglichkeit beschrieben, fortschrittliche Verbraucher in die Entwicklung neuer Produkte einzubeziehen (siehe 3.8). Darüber hinaus kann ein intensives Technologiesourcing aus anderen Unternehmen oder Universitäten eingesetzt werden, um das Unternehmen für neue Impulse zu öffnen.
- Der Inside-out-Prozess beschreibt die Nutzung ursprünglich internen Wissens außerhalb der Organisation. Die entwickelten Technologien können in anderen Branchen genutzt werden und finden so weitreichende Verbreitung. Dieser Effekt wird auch als Cross Industry Innovation bezeichnet. Die Ausbeutung erfolgt beispielsweise in Form von Technologielizenzen, welche an Unternehmen in anderen Branchen veräußert werden.
- Der Coupled Process stellt die Verknüpfung beider Ansätze dar. Technologien und Ideen aus anderen Branchen und Bereichen werden aufgenommen, aber auch wieder abgegeben. Ziel des Coupled Process ist es, einen Markt für die Innovation zu schaffen. Dazu werden die verschiedenen Stakeholder aktiv in den Entstehungsprozess eingebunden, während sich durch einen hohen Externalisierungsgrad der geschaffenen Innovation ein Markt um diese herum aufbauen soll. Dieser intensive Austausch kann beispielsweise durch strategische Allianzen und (Innovations-)Netzwerke (siehe 3.9) ermöglicht werden.

Open Innovation bei Starbucks®

Die Geschäftsaussichten des nach eigenen Angaben weltweit führenden Anbieters, Rösters und Vermarkters von Kaffeespezialitäten waren seit 2007 eher mager. Im Januar 2008 kehrte Howard Schulz nach achtjähriger Abstinenz als CEO zu Starbucks zurück. Seitdem wurde versucht, die Marke wiederzubeleben und einen Fokus auf das Erlebnis Kaffeetrinken an sich zu setzen.

Über die Seite mystarbucksidea.com können Kunden seit Mitte März 2008 ihre ganz persönlichen Ideen abgeben, bewerten, diskutieren und deren Umsetzung begleiten. Mehrere Dutzend speziell trainierter Mitarbeiter sind dafür zuständig, die Diskussionen zu betreuen und Neulingen die erste Scheu zu nehmen. Darüber hinaus sind die Ideenpartner auch das Sprachrohr der Kunden, wenn in den zuständigen Abteilungen über die Umsetzung verschiedener Ideen entschieden wird. Das Resultat dieser Entscheidungsrunden und die Umsetzungserfahrungen werden anschließend an die Kunden zurückgegeben.

Eine finanzielle Beteiligung schließt Starbucks aus. Kunden ziehen ihre Befriedigung aus der aktiven Mitarbeit und eventuellen Umsetzung ihrer Ideen.

Bei der vielfältigen Integration externer Anforderungsgeber (Kunden, Lieferanten, Konkurrenten, Netzwerkpartner) sollte jedoch keine kurzfristige Lösung priorisiert werden. Das Open-Innovation-Modell stellt vielmehr eine Ergänzung zum bereits bestehenden Ideen- und Innovationsmanagement dar. Die Erhöhung der Transparenz bietet Dritten einen besseren Einblick und kann zu mehr Verständnis und Akzeptanz führen. Dadurch werden die Chancen zur erfolgreichen Entwicklung von Innovationsprojekten gesteigert.

Open Innovation sollte zum Regelfall und bereits von Beginn an als Alternative zur Beurteilung und Verwertung von

Innovationsvorhaben genutzt werden. Erst durch die nachhaltige Integration der verschiedenen Bestandteile des Open-Innovation-Modells kann auch eine langfristige Verbesserung des gesamten Innovationsprozesses erfolgen.

3.8 Lead-User-Methode

Innovationen werden oft von Anwendern entwickelt, indem sie eigenständig Modifikationen oder Weiterentwicklungen eines bestehenden Produkts vornehmen, die erst danach vom Anbieter „entdeckt" und umgesetzt werden. Das hat Eric von Hippel (1986) bereits in den 1980er-Jahren erkannt. Er bezeichnete diejenigen Anwender, die eigenständig Lösungen für ihre Probleme entwickeln, als „Lead User". Lead User

- stehen an der Spitze aktueller Trends, wodurch sie frühzeitig Bedürfnisse artikulieren, und
- erwarten einen relativ hohen Nutzen aus Lösungen, die ihre Bedürfnisse befriedigen.

Lead User sind also trendführende Nutzer, die mit ihren Bedürfnissen den Anforderungen der breiteren Anwendung vorauseilen. Lead User können sowohl private Endkunden als auch Unternehmen sein.

Die Lead-User-Methode ist nun ein Ansatz, um als Anbieter Lead User gezielt in den Innovationsprozess einzubeziehen. Die Durchführung dieser Methode erfolgt in den folgenden grundlegenden Schritten:

- Schritt 1: Start des Lead-User-Prozesses.
- Schritt 2: Identifikation von Bedürfnissen und Trends.
- Schritt 3: Identifikation von Lead Usern.
- Schritt 4: Konzept-Design, d.h. Workshop zur Entwicklung von Produktkonzepten gemeinsam mit Lead Usern.

- Im Anschluss werden die Ergebnisse auf einen größeren Markt projiziert.

Die Lead-User-Methode ist also ein Ansatz zur kooperativen Produktentwicklung eines Anbieters gemeinsam mit trendführenden Kunden. Dieser Ansatz ist mit Chancen und Risiken verbunden. Als Chancen werden oftmals insbesondere die Identifikation von Kundenbedürfnissen, die mit herkömmlichen Methoden der Marktforschung nicht oder nur schwierig erkannt werden können, sowie die frühzeitige Entwicklung innovativer Lösungen, die den Markttrends voraus sind, angeführt. Risiken bestehen unter anderem in der eher unverbindlichen Kundenbeziehung oder in der Gefahr einer Konzentration auf Nischenlösungen, die für den Massenmarkt untauglich sind.

3.9 Innovationsnetzwerke

Schon länger ist klar, dass Netzwerke und externe Wissens- und Informationsquellen für den Innovationsprozess von entscheidender Bedeutung sind. Heute jedoch spielt die Zusammenarbeit in Netzwerken für Innovationsvorhaben eine größere Rolle denn je.

Unter dem Begriff des Innovationsnetzwerks gilt es zunächst zwischen internen und externen Netzwerken zu unterscheiden. Unternehmensinterne Netzwerke beziehen sich auf die formelle oder informelle Zusammenarbeit in der Regel auf persönlicher Ebene zwischen Teams, Abteilungen, Standorten oder Geschäftsbereichen. Unter externen Innovationsnetzwerken wird die Zusammenarbeit mit unternehmensexternen Partnern wie Zulieferern, Kunden, Universitäten, Forschungseinrichtungen oder sonstigen F&E-Partnern verstanden. Wichtige Gründe für die Zusammenarbeit mit externen Partnern sind (vgl. Contractor und Lorange, 1988):

- Risikoreduzierung,
- Größenvorteile (Economies of Scale) und Rationalisierungspotenziale,
- Wissens- und Technologietransfer,
- Wettbewerbsvorteile,
- Überwindung von Handels- und/oder Investitionsbarrieren,
- internationale Expansion,
- vertikale „Quasi-Integration" von komplementären Kompetenzen in der Wertschöpfungskette.

Die Zusammenarbeit über Unternehmensgrenzen hinaus reicht von sporadischen, losen Kontakten bis hin zur Institutionalisierung von Innovationsnetzwerken in dauerhaften Zusammenschlüssen wie regionalen Clustern mit der Einrichtung einer eigenen Netzwerkmanagement-Organisation.

Ein systematischer Auf- und Ausbau der Netzwerkbeziehung im Innovationsmanagement könnte etwa die folgenden Schritte beinhalten:

- Identifikation von potenziellen internen und externen Innovationspartnern und Wissensressourcen;
- Herstellung und Sicherstellung des Zugangs zu internen und externen Innovationspartnern und Wissensressourcen;
- situativer und strategischer Aufbau enger Verbindungen zu internen und externen Netzwerkpartnern sowie Kontaktpflege;
- Vernetzung zu vorhabensspezifischen Innovationsnetzwerken (Verbundprojekte);

- Etablierung von und Engagement in längerfristigen Innovationsnetzwerken (z. B. regionale Cluster).

Die besondere Art der Koordination bestimmt alle Formen der Zusammenarbeit in Innovationsnetzwerken. Im Unterschied zur Koordinationsform der Hierarchie (bzw. Bürokratie) findet der Austausch zwischen weiterhin rechtlich eigenständigen Einheiten ohne den Einsatz formaler Machtstrukturen statt. Im Unterschied zur Koordinationsform des Marktes basiert die Zusammenarbeit nicht auf der Abstimmung von Angebot und Nachfrage und wettbewerblichen Preissystemen. Vielmehr ist vor allem Vertrauen ein zentraler Koordinationsmechanismus (vgl. Powell, 1990) und die Aussicht auf eine wie auch immer geartete Win-win-Situation für alle Beteiligten ein wesentlicher Treiber. Daher können Netzwerke in der Tat als effiziente Form für den Wissensaustausch angesehen werden, wie er gerade für Innovationsprozesse von Bedeutung ist. Nichtsdestotrotz ist es jedoch wichtig, gerade für die Kollaboration in Innovationsnetzwerken, die über den sporadischen Wissenstransfer hinausgeht, die Zusammenarbeit und insbesondere die Ergebnisverwertung durch die Kooperationspartner in einer gemeinsamen Vereinbarung (Kooperationsvereinbarung) zu regeln.

Kooperationsvereinbarung

Die Kooperationsvereinbarung ist eine wichtige Grundlage, um die Zusammenarbeit in Verbundprojekten zu regeln. Inhalte der Vereinbarung umfassen:

- Gegenstand und Dauer der Kooperation,
- Art und Umfang der Zusammenarbeit hinsichtlich Durchführung, Kommunikation, Abstimmung, Austausch von (Zwischen-)Ergebnissen,

- Rechte und Pflichten, inklusive Verwertungsrechten an den (Teil-)Ergebnissen,
- Finanzierung,
- Vorgehen bei Änderungserfordernissen, beispielsweise Veränderungen in der Zusammensetzung des Projektkonsortiums,
- Zusammenarbeit mit Dritten, beispielsweise Vergabe und Verwertung von Fremdleistungen,
- Vertraulichkeit, Publikation von Projektergebnissen,
- Gewährleistung und Haftung.

Kommunikation ist die Basis einer erfolgreichen Zusammenarbeit in Innovationsnetzwerken. Für die Analyse, Steuerung und Optimierung der internen und externen Kommunikation in Innovationsnetzwerken sowohl auf der individuellen Ebene wie auch hinsichtlich der Organisations- und Prozessgestaltung bedarf es eigener Methoden und Maßnahmen, die jedoch den Rahmen dieses Buches sprengen würden. Daher sei hier auf Ausführungen der Autoren an anderer Stelle verwiesen (z. B. Müller-Prothmann, 2006).

3.10 Störungen im Innovationsprozess

Die meisten wissenschaftlichen, empirischen Studien zur Analyse des Innovationsprozesses, aber auch Praxisansätze wie Innovationsaudits zur Gestaltung des Innovationsmanagements (siehe 4.1) fokussieren auf Erfolgsfaktoren. Das Ziel der Erfolgsfaktorenforschung ist es, eine Auswahl von Schlüsselfaktoren mit einem starken positiven Einfluss auf den Innovationserfolg von Unternehmen zu identifizieren. Dazu werden in der Regel erfolgreiche und weniger erfolgreiche Unternehmen miteinander verglichen, um anhand der Unterschiede die entscheidenden Erfolgsfaktoren für die Generierung von Innovationen herauszuarbeiten. Neben methodischen Schwächen vieler Studien zur Erfolgsfaktorenforschung zeigt auch die Praxis, dass diese Ansätze nur begrenzt von Nutzen sind (vgl. z. B. Haenecke, 2002; Woywode, 2004). So führen verstärkte Planungsanstrengungen und effiziente Prozessgestaltung nicht zwangsläufig zur Steigerung des Innovationserfolgs. Aufgrund der zahlreichen unternehmensinternen und -externen Einflüsse auf den Innovationsprozess muss ernsthaft bezweifelt werden, dass die isolierte Betrachtung einiger ausgewählter Erfolgsfaktoren sinnvoll ist.

Die Anerkennung der Komplexität von Innovationsprozessen und der Existenz von Störungen ist ein wichtiger Schritt, um zur Gestaltung eines robusten Innovationsmanagements unter Berücksichtigung der individuellen Situation eines Unternehmens zu gelangen. Eine solche neue Perspektive auf den Innovationsprozess soll nicht bedeuten, dass Erfolgsfaktoren keine Rolle spielen würden. Diese sind nach wie vor wichtig und sollten für eine innovationsfreundliche Grundstimmung in den Vordergrund gestellt werden. Durch den expliziten Einbezug von Störfaktoren kann aber erreicht werden, dass Unsicherheit und Komplexität von Innovationsprozessen hinsichtlich des konkreten Einzelfalls angemessene Berücksichtigung für die Entwicklung einer robusten Innovationsstrategie finden.

Störfaktoren sind Barrieren im Innovationsprozess, die eine Innovation verhindern, verzögern oder verformen. Um die vielfältigen Ursachen und Wirkungen von Störfaktoren im Innovationsprozess systematisch verstehen und berücksichtigen zu können, ist in Bild 11 eine Übersicht über ihre verschiedenen Dimensionen dargestellt und im Folgenden kurz erläutert.

Störungen im Innovationsprozess können zunächst nach

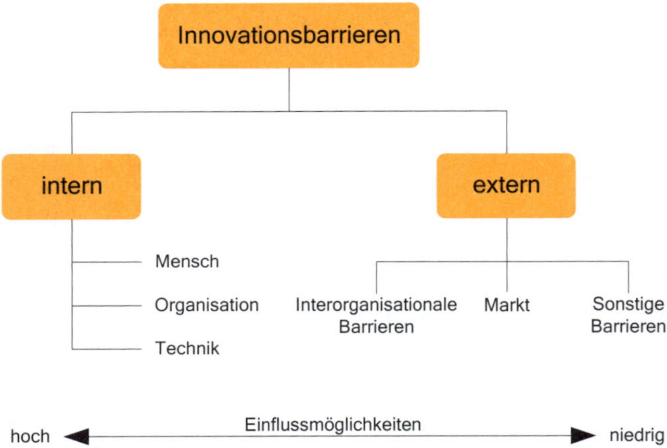

Bild 11: *Störungen im Innovationsprozess (Müller-Prothmann et al., 2008)*

internen und externen Faktoren unterschieden werden. Bei den internen Störungen spielen vor allem die Faktoren auf den Ebenen von Individuum und Organisation sowie technologiebezogene Barrieren eine wichtige Rolle:

- Auf individueller Ebene bestehen personenbezogene Barrieren hinsichtlich der Fähigkeiten (Wissen, Können, Funktion) und Motivation (intentional und affektiv) von Mitarbeitern.
- Auf Organisationsebene führen hierarchische Positionen und funktionale Strukturen oftmals zu „operativen Inseln" (siehe Bild 12).
- Technologiebezogene Barrieren hängen stark von den konkreten Innovationsfeldern und -aufgaben eines Unternehmens ab und beziehen sich beispielsweise auf die technologische Unreife von Prozessen und Produkten oder

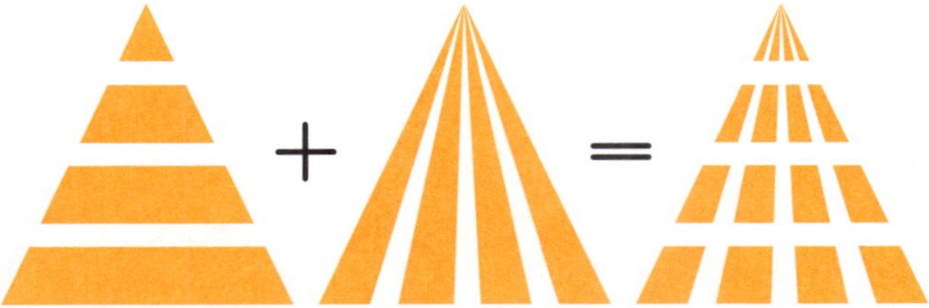

Bild 12: *„Operative Inseln" (aus: Hörrmann und Tiby, 1990)*

fehlende technische Unterstützung verfügbarer Ressourcen oder Zulieferer.

Vor allem die Störungen auf der individuellen Ebene gilt es nicht zu unterschätzen. Dazu gehören zahlreiche Widerstände, die die Innovationsbereitschaft und -fähigkeit negativ beeinflussen können, wie beispielsweise

- persönliche Vorbehalte gegen Innovationen,
- Verhalten von anderen Kollegen oder sonstigen Innovationsbeteiligten,
- Macht und Einfluss von Gruppen,
- „Not invented here" (NIH)-Syndrom,
- Widerstand durch Zeitdruck angesichts dringender Problemlösungen.

Unternehmensexterne Störungen des Innovationsprozesses können aus den Beziehungen zu anderen Unternehmen und Organisationen, aus der Marktposition und Marktentwicklung oder sonstigen Quellen (z. B. politische Rahmenbedingungen, nationale und internationale Regulationen, gesellschaftliches Umfeld) resultieren (vgl. Müller-Prothmann et al., 2008).

4 Planungs- und Analysemethoden

4.1 Innovationsanalyse

WORUM GEHT ES?

Eine Innovationsanalyse hat das Ziel, die Istsituation hinsichtlich der Innovationsfähigkeit eines Unternehmens festzustellen, zu dokumentieren und zu bewerten sowie auf dieser Basis Handlungsempfehlungen und Ansatzpunkte zur Verbesserung abzuleiten. Die Innovationsanalyse wird oftmals auch als Innovationsaudit bezeichnet.

WAS BRINGT ES?

Direkter Nutzen einer Innovationsanalyse ist die Bewertung und Dokumentation der Innovationsfähigkeit des Unternehmens oder von Unternehmenseinheiten (Geschäftsbereiche, Standorte) und auf dieser Basis die Identifikation von unternehmensspezifischen Verbesserungspotenzialen. Dies ermöglicht zudem eine Gegenüberstellung der Wahrnehmung zwischen den verschiedenen Unternehmensebenen oder -bereichen hinsichtlich der eigenen Innovationsfähigkeit sowie eine möglichst neutrale Bewertung durch externe Unterstützung.

Der indirekte Nutzen einer Innovationsanalyse reicht von der bloßen Bescheinigung über die Durchführung des Innovationsaudits beispielsweise für das Rating gegenüber Kapitalgebern oder als Hilfe für die interne und externe Kommunikation (Marketing), über das Benchmarking der eigenen Innovationsfähigkeit mit vergleichbaren Unternehmen bis hin zu einer langfristigen Optimierung der Innovationsstrategie und Verbesserung der Innovationskultur. Dazu kann es hilfreich sein, die Innovationsanalyse in regelmäßigen Abständen fortzuschreiben, die Ergebnisse miteinander zu vergleichen und dadurch die eigene Veränderung zu evaluieren und zu dokumentieren.

WIE GEHE ICH VOR?

Es gibt verschiedene Methoden für die Innovationsanalyse wie beispielsweise die im Rahmen eines europäischen Verbundforschungsprojekts entwickelte IMP^{3}rove-Methode (www.improve-innovation.eu) oder den von den Autoren entwickelten INNOPLEX „Innovation Profiler". Die grundlegenden Vorgehensschritte sind bei den meisten Ansätzen jedoch ähnlich:

- Am Beginn steht die Festlegung eines Ziels für die Innovationsanalyse.
- Hinsichtlich des definierten Ziels werden dann die relevanten Innovationsfaktoren erhoben und bewertet.
- Auf Basis der Bewertung der Innovationsfaktoren erfolgen die Auswertung und die Ableitung von Handlungsempfehlungen.

Die Erhebung der Daten zur Analyse des Istzustands reicht von einem einfachen (Online-)Fragebogen, der von einer mit den notwendigen Informationen vertrauten (Führungs-)Person ausgefüllt wird, über die Befragung mehrerer (oder gar aller) Mitarbeiter bis hin zu ausgefeilten Workshop-Konzepten und den Einbezug von Kunden und Lieferanten in die Erhebung.

Die Bewertung kann entweder anhand eines Vergleichs mit den maximalen Optimalwerten, anhand einer individuellen Gewichtung von wichtigen Merkmalen und Kennzahlen oder mittels eines Benchmarkings mit (möglichst vergleichbaren) anderen Unternehmen erfolgen. Auch eine Kombination der Vergleichsansätze ist möglich.

4.2 Innovationsplanung und -bewertung

WORUM GEHT ES?

Am Anfang des Innovationsprozesses steht die (interne oder externe) Ideengenerierung. Ist diese erfolgreich, verfügt das Unternehmen über eine Vielzahl von Möglichkeiten, die es verfolgen kann. Die vorhandenen Entwicklungsressourcen sind jedoch begrenzt. Deshalb müssen aus der großen Menge von möglichen Vorhaben diejenigen ausgewählt werden, die einen bestmöglichen Fit mit der Strategie und Ausrichtung des Gesamtunternehmens bieten.

WAS BRINGT ES?

Mittels einer nachhaltigen Innovationsplanung und -analyse lassen sich die zahlreichen Ideen innerhalb eines Unternehmens angemessen priorisieren. Damit kann sichergestellt werden, dass nur die erfolgversprechendsten Innovationsvorhaben mit den notwendigen Ressourcen ausgestattet und weiterverfolgt werden. Die Verknüpfung mit Wissensmanagement sichert darüber hinaus die Dokumentation der zunächst nicht weiter verfolgten Ideen (siehe 7.1).

WIE GEHE ICH VOR?

Ausgehend von der allgemeinen Unternehmensstrategie wird eine Innovationsstrategie (siehe 2.1) entwickelt. Diese wiederum bildet den Hintergrund für das anschließende Roadmapping (siehe 4.4), mit dem alle wichtigen Aspekte des

Innovationsmanagements koordiniert und miteinander abgestimmt werden. Auf Grundlage der Roadmap werden Bewertungsmethoden ausgewählt und in einzelne Kriterien überführt. Schließlich werden diese angewendet, um alltägliche Aufgaben wie Bewertung und Entwicklung einzelner Ideen wahrzunehmen. In den folgenden Abschnitten werden ausgewählte Methoden zur Innovationsplanung und -bewertung vorgestellt.

4.3 Szenariotechnik

WORUM GEHT ES?

Die Szenariotechnik ist ein strategisches Planungs- und Analyseverfahren zur Projektion des aktuellen Zustands (Status quo) in die Zukunft. Im Gegensatz zu reinen Prognoseverfahren wird die Vergangenheit hier lediglich als Hintergrund der eigentlichen vorausschauenden Betrachtung genutzt.

WAS BRINGT ES?

Die Qualität der Daten sowie die fachliche und methodische Kompetenz der Beteiligten beeinflussen die Güte der erstellten Szenarien. Die Beteiligten sollten im Umgang mit komplexen und vernetzten Zusammenhängen geübt sein, um die notwendigen Daten mit der gebotenen Sorgfalt erheben und einordnen zu können. Schließlich sind alle Mitwirkenden aufgefordert, sich aktiv an der Erstellung der Szenarien zu beteiligen, um so zum Erfolg des Verfahrens beizutragen.

Die Durchführung der Szenarioanalyse ist sehr aufwendig. Zum einen müssen in den einzelnen Teilabschnitten verschiedene zusätzliche Techniken angewandt werden. Zum anderen steigt mit der Anzahl der betrachteten (Schlüssel-)Faktoren die Anzahl der möglichen Szenarien um ein Vielfaches. Die Nutzung der sehr detaillierten Szenariotechnik ist langwierig und bindet erhebliche personelle und finanzielle Ressourcen. Einige Einflußgrößen lassen sich in die Analyse kaum wirkungsvoll aufnehmen. Kriege, außergewöhnliche politische Umschwünge, Umweltkatastrophen und Ähnliches lassen sich nur schwer erfassen, treten aber gerade bei längeren Zeiträumen in der einen oder anderen Form auf.

Die Szenariotechnik ist wegen der eingehenden Analyse jedoch eine sehr gute Möglichkeit, sich ein umfassendes Bild über das Unternehmen, sein Umfeld und zukünftige Entwicklungen zu machen. Deshalb sollte gerade im Hinblick auf eine langfristige Ausrichtung die Szenariotechnik durchgeführt werden. Sie eignet sich aufgrund ihrer Robustheit als grundlegende Rahmenmethodik, um mittel- und langfristige Planungen wie das Roadmapping (siehe 4.4) durchzuführen.

WIE GEHE ICH VOR?

Mittels eines Szenarios wird ein möglicher Zustand einer (wirtschaftlichen) Einheit in der Zukunft beschrieben. Bei der Szenarioanalyse werden nun verschiedene alternative Zukunftsbilder miteinander verglichen, die sich auf einen gemeinsamen zeitlichen Horizont beziehen, aber jeweils unter Anwendung und Betrachtung unterschiedlicher Rahmenbedingungen entwickelt wurden (siehe Bild 13).

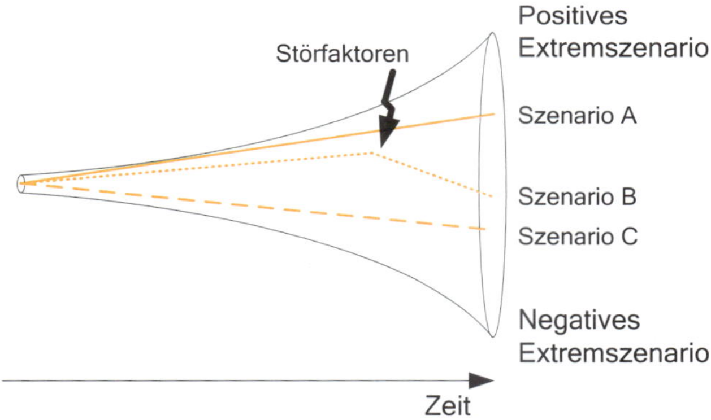

Bild 13: *Szenariotrichter (in Anlehnung an: Geschka, 1999, S. 522)*

Durchführung einer Szenarioanalyse

Die Szenarioanalyse lässt sich in die drei Hauptphasen „Analyse", „Projektion" und „Auswertung" gliedern.

In der Analyse wird der Untersuchungsgegenstand abgegrenzt und beschrieben. Eine kurze Beschreibung der Istsituation wird durchgeführt. Ergänzend dazu werden mögliche Einflussgrößen ergründet. Sie können die künftigen Szenarien beeinflussen und ihren Ausgang verändern. Diese Einflussfaktoren werden identifiziert, strukturiert und beschrieben. Schließlich werden die wesentlichen Faktoren (Schlüsselfaktoren) ausgewählt und Informationen gesammelt, um ihre Entwicklung in ausreichendem Maße zu beschreiben.

Im zweiten Schritt, der Projektion, werden die Schlüsselfaktoren auf die Istsituation angewandt. Dies kann mit Berücksichtigung von Eintrittswahrscheinlichkeiten (Vorhersage) oder ohne erfolgen (Projektion). Die Schlüsselfaktoren werden auf ihre Vernetzung untereinander hin untersucht und entsprechend zueinander in Beziehung gesetzt. Die Fakto-

ren werden sinnvoll miteinander kombiniert (wahrscheinliche Entwicklungen). Schließlich werden mögliche hypothetische Störfaktoren ermittelt, die außerhalb der erwarteten Entwicklung liegen, und Gegenmaßnahmen werden ausgearbeitet und in die Szenarien eingepflegt. In der Projektion sollten üblicherweise zwischen drei und fünf Szenarien (mindestens ein positives Extremszenario, ein negatives Extremszenario und ein Trendszenario bei stabilen Umweltbedingungen) entwickelt werden. Mehr Szenarien sind auch für geübte Analysten aufgrund des hohen Aggregationsgrades kaum überschaubar.
Im abschließenden Teil der Auswertung werden die einzelnen Szenarien mit dem Untersuchungsgegenstand verglichen. Als Konsequenzen aus den Szenarien werden Strategien erarbeitet, mit welchen die strategische Lücke zwischen dem aktuellen Kompetenzprofil des Untersuchungsgegenstandes und den Anforderungen aus den Szenarien geschlossen werden kann. Die Szenarien werden dabei mit Blick auf die wahrscheinlichsten Entwicklungen generiert. Trotzdem sollte auch eine Eventual- bzw. Robustplanung durchgeführt werden.

4.4 Roadmapping

WORUM GEHT ES?

Das Roadmapping eignet sich zur mittel- bis langfristigen Planung von Innovationsvorhaben. Es ist ein Analyseverfahren, um Strategien in konkrete Entwicklungspfade umzuwandeln.

WAS BRINGT ES?

Die Roadmap bietet ein praktikables Mittel, um die übergelagerte Unternehmens- und Innovationsstrategie (siehe 2.1) in einzelne Arbeitsaufwände zu übertragen und damit zu operationalisieren. Aus der Roadmap lassen sich dann wiederum in Verbindung mit den Kennzahlen der Organisation entsprechende Kriterien ableiten. Auf deren Grundlage lässt sich die eigentliche Bewertung von Ideen und Innovationsprojekten durchführen. Dementsprechend ist Roadmapping das notwendige und schlüssige Bindeglied zwischen langfristiger Strategie und operativer Projektarbeit.

WIE GEHE ICH VOR?

Roadmaps sind vorbereitend und dienen zur groben Planung des konkreten Vorgehens. Wie in der Projektplanung sind einzelne, ausführbare Abschnitte zu definieren. Diese Einzelabschnitte werden strukturiert. Mit dem Roadmapping lassen sich Produkte, Dienstleistungen und Technologien entwickeln. Dazu werden sie entlang der betrachteten Zeitachse prognostiziert, analysiert und visualisiert. Mit den ermittelten Daten einer Roadmap lassen sich die Entwicklungen einer Organisation steuern und anschließend auf die Zielerreichung hin kontrollieren. Unsicherheiten und mögliche Szenarien werden auf dem Weg zur Zielerreichung ebenfalls berücksichtigt.

Erstellung einer Innovationsroadmap

Jede Roadmap verfügt über ein Thema (z.B. Innovationsmanagement, Technologieentwicklung, Qualitätsmanagement), einen zeitlichen Horizont (im Allgemeinen zwei bis drei Produktlebenszyklen – im Bild 14 als Periode 1 bis Periode 3 veranschaulicht), verschiedene zeitabhängige Elemente (diese repräsentieren die zeitliche Verfügbarkeit von Produkten, Entscheidungspunkten, Märkten) und Verbindungen (zwischen den Elementen einer Roadmap oder verschiedenen Roadmaps).

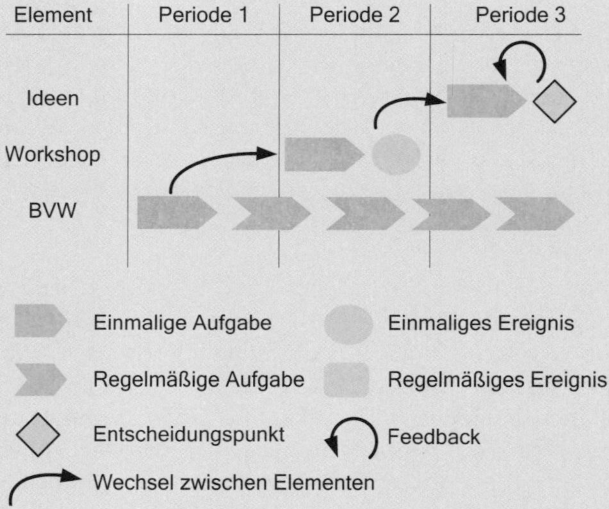

Bild 14: *Roadmap und Elemente*

Im Rahmen einer Innovationsroadmap werden zunächst alle relevanten Arbeitsschritte im Innovationsmanagement gesammelt und aufgelistet. Anschließend wird eine verantwortliche Organisationseinheit für diese Aufgaben festgelegt. In einem dritten Schritt werden die Abhängigkeiten zwischen diesen Elementen definiert. In einem vierten Schritt wird eine demgemäße Reihenfolge und Organisationsstruktur festgelegt. Schließlich werden die einzelnen Arbeitsschritte in einem zeitlichen Prozessablauf abgetragen. Abschließend werden in einem sechsten Schritt Meilensteine, Schleifen, Hürden und Abhängigkeiten auf diesem Prozessablauf in grafischer Form abgetragen (siehe Bild 14).

4.5 Radar-Graphen

WORUM GEHT ES?

Radar-Graphen sind eine mögliche Darstellungsform für den Vergleich von Erfüllungsgraden verschiedener Kriterien.

WAS BRINGT ES?

Bildliche Darstellungen wie Radar-Graphen sind sehr eingängig, aber alle Beteiligten sollten über die Bedeutung der einzelnen Kriterien und ihre Bewertung in hinreichendem Maße informiert sein. Sonst kann die ausschließlich bildliche Darstellung mit der Aggregation von Informationen in unterschiedlichen Einschätzungen resultieren.

WIE GEHE ICH VOR?

Für einen Radar-Graphen sind mindestens drei einzuschätzende Kriterien notwendig. Alternativ zu einer Radar-Darstellung kann auch ein Liniendiagramm verwendet werden. Im Bild 15 sind zwei Ideen dargestellt. In diesem Beispiel sind Ideen umso besser bewertet, je weiter am Rand die Einschätzungen liegen.

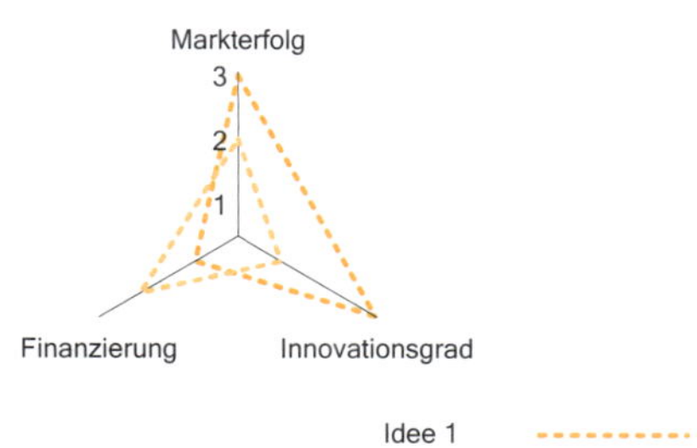

Bild 15: *Radar-Graph*

4.6 Innovation Scorecard

WORUM GEHT ES?

Die Innovation Scorecard orientiert sich direkt an der Balanced Scorecard (BSC), wie sie im strategischen Management genutzt wird. Mit einer Scorecard kann die Implementierung von Strategien im Tagesgeschäft realisiert werden. Sie lässt sich aber auch zur Bewertung von Strategien nutzen.

WAS BRINGT ES?

Mit einer Innovation Scorecard lässt sich der langfristige Erfolg eines Unternehmens bei der Bewertung von Ideen und Innovationsprojekten berücksichtigen. Jedoch ist der Aufwand für die Erstellung einer Innovation Scorecard nicht unerheblich. Bei gleichzeitigem Bestehen einer unternehmensweiten Balanced Scorecard kann diese ressourcenschonend adaptiert werden. Eine Innovation Scorecard sollte mindestens für die Bewertung von umfangreichen Innovationsvorhaben herangezogen werden.

WIE GEHE ICH VOR?

Die vier betrachteten Perspektiven sind Finanzen, Kunden, Geschäftsprozesse und Mitarbeiter (siehe Bild 16). Die finanzielle Perspektive betrachtet dabei monetäre Kennzahlen (z. B. Return on Investment, Eigenkapitalrentabilität). Da der finanzielle Gesichtspunkt nur die quantitativen, vergangenheitsbezogenen Daten erfasst, wird er um die drei weiteren, teilweise sehr qualitativen, dafür aber langfristigen Blickwinkel ergänzt. Der Bereich Kunden zielt auf die Erfüllung von Kundenbedürfnissen und Marktforderungen und damit den langfristigen Unternehmenserfolg ab. Die Perspektive

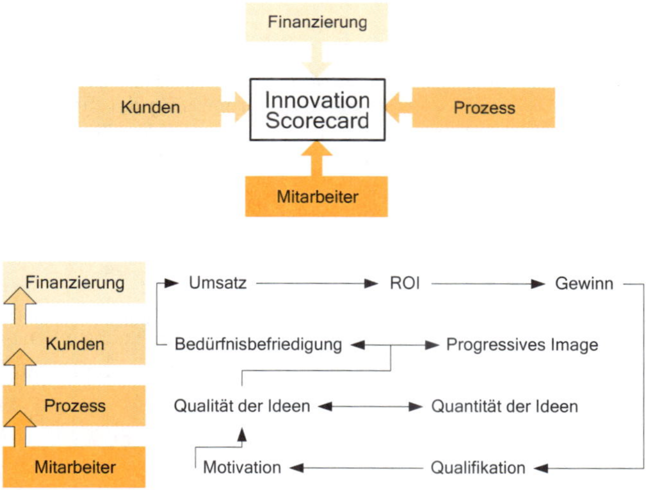

Bild 16: *Innovation Scorecard und Ursache-Wirkungs-Diagramm*

der (Geschäfts-)Prozesse beschreibt die innerbetriebliche Wertschöpfung. Die Mitarbeiterdimension schließlich beschreibt die Lern- und Entwicklungsperspektive der Organisation. Damit sind Ausbildung und Motivation der Mitarbeiter abgedeckt, ebenfalls langfristige Erfolgsfaktoren einer Organisation.

Erstellung einer Innovation Scorecard

- Für jede der vier Perspektiven Finanzierung, Kunden, Prozesse und Mitarbeiter werden Ziele vorgegeben und Kennzahlen definiert, mit welchen deren Erreichung überprüft werden kann.
- In einem zweiten Schritt wird ein Ursache-Wirkungs-Diagramm erstellt. Damit können die einzelnen Perspektiven, ihre jeweiligen Kennzahlen und ihre Abhängigkeiten und

Beeinflussungen untereinander analysiert und dargestellt werden.
- In einem dritten Schritt werden die einzelnen Ideen und Innovationsvorhaben in den Zusammenhang der Innovation Scorecard gesetzt. Können die Vorhaben zur Zielerreichung beitragen oder beeinflussen sie diese negativ?

4.7 Kraftfeldanalyse

WORUM GEHT ES?

Die Kraftfeldanalyse (englisch Force-Field-Analysis) orientiert sich am physikalischen Prinzip der elektrischen Kraftfelder. Dabei werden die auftretenden Kräfte für und gegen ein Innovationsvorhaben direkt miteinander verglichen.

WAS BRINGT ES?

Dieses Bewertungsverfahren ist zwar rein qualitativer Natur. Es ermöglicht den Beteiligten aber, sich ein umfassendes Bild über den Bewertungsgegenstand zu machen.

WIE GEHE ICH VOR?

Grundlage der Kraftfeldanalyse ist eine detaillierte Beschreibung der Idee. In einem ersten analytischen Schritt werden die Kräfte für und gegen das Projekt formuliert und auf jeweils einer Seite der Ideenbeschreibung abgetragen. In einem zweiten Schritt werden die verschiedenen Kräfte gewichtet und damit bewertet. Dabei ist auf eine eindeutige Skala zu achten, um ungleich starke Gewichtungen zu vermeiden. In einem dritten Schritt werden die Summen aller Kräfte für und gegen die Idee gebildet und diese miteinander verglichen. Je nachdem, welches Kräftebündel überwiegt, wird die Idee weiterverfolgt oder verworfen. Sind die Summen sehr ähnlich oder gleich, sollte eine erneute Prüfung der Idee durchgeführt werden.

4.8 Portfoliotechnik

WORUM GEHT ES?

Die Portfoliotechnik ist eine bewährte und etablierte Methode der strategischen Planung. In der Portfoliotechnik werden die Analyse des Unternehmens und die der Umwelt miteinander kombiniert. Dadurch erhalten die an der Bewertung Beteiligten ein umfassendes Bild sowohl über die Idee und ihre Machbarkeit innerhalb des Unternehmens als auch über die Idee und ihre Relevanz für die Umwelt.

WAS BRINGT ES?

Der Vorteil der Portfoliotechnik liegt in der relativ unkomplizierten Durchführung und den klaren Ergebnissen. Da der Einordnung innerhalb des Portfolios ein fundiertes Verständnis der Idee zugrunde liegt, ist der Informationsgehalt einer methodisch korrekt durchgeführten Portfoliotechnik mit dem eines Kriterienkataloges (siehe 4.9) oder einer Nutzwertanalyse (siehe 4.10) vergleichbar. Die klare Darstellungsmöglichkeit und die hinterlegten standardisierten Vorgehensweisen empfehlen die Portfoliotechnik.

WIE GEHE ICH VOR?

Im Rahmen der bestehenden Portfolioanalyse sind als grundsätzliche Ausrichtungen einerseits die Marktorientierung und andererseits die Ressourcenorientierung verbreitet und genutzt.

Im Hinblick auf Innovationsprojekte müssen die Relevanz für den Markt (z.B. Marktattraktivitäts-Wettbewerbsvorteil-Portfolios nach McKinsey; Clifford et al., 1975), die technologische und ressourcenbedingte Machbarkeit (z.B. Technologie-Portfolio nach Pfeiffer et al., 1986) und das Nutzen-Risiko-Verhältnis untersucht werden. Die beiden genannten Portfolios sind im Bild 17 dargestellt. Zur Bewertung sind aber alle bekannten oder selbst entwickelten Portfolios denkbar, sollten sie mit der zwingend erforderlichen Gründlichkeit erstellt und gepflegt werden.

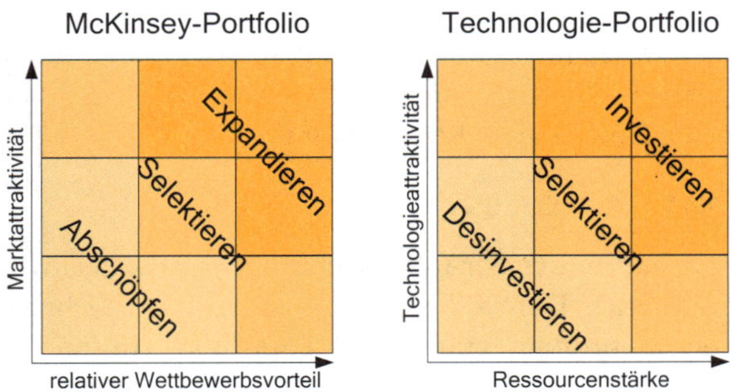

Bild 17: *Portfoliovergleich*

Nutzung der Portfoliotechnik

- Voraussetzung für die Nutzung der Portfoliotechnik ist ein Verständnis von der Idee bei allen Beteiligten.
- Die Achsen der Matrix werden jeweils mit einer durch das Unternehmen beeinflussbaren und einer nicht beeinflussbaren Größe belegt. Damit soll die Vielzahl der möglichen Faktoren auf relevante Einflussgrößen reduziert werden.
- Die Achsen werden in vorteilhafte und nachteilige Abschnitte untergliedert.

- Anschließend werden die sich daraus ergebenden Segmente mit einer normativen Strategie versehen.
- Der Untersuchungsgegenstand wird unabhängig in zwei Dimensionen (Achsen der Matrix) eingeschätzt.
- Die sich aus der Einschätzung ergebende Position wird in die Matrix übertragen.
- Die Idee wird im weiteren Verlauf entsprechend der Segmentierung der Matrix und ihrer jeweiligen Einordnung in ein Segment bearbeitet.

4.9 Kriterienkatalog

WORUM GEHT ES?

Der Kriterienkatalog ist eine sehr einfache Möglichkeit, eine Idee an konkreten Merkmalen zu messen.

WAS BRINGT ES?

Ein Kriterienkatalog kann aufgrund seiner Einfachheit schnell an neue Ideen angepasst werden. Dadurch wird es aber auch schwierig, verschiedene, zeitlich nacheinander gelagerte Ideen dem selben Bewertungsschema zu unterziehen. Darüber hinaus werden alle Kriterien in einem reinen Kriterienkatalog als gleichwertig betrachtet, also auch mehr und weniger relevante.

WIE GEHE ICH VOR?

Die Kriterien werden in einem Katalog thematisch strukturiert zusammengefasst. Die einzelnen Ideen werden nun an den einzelnen Kriterien gemessen und ihre jeweilige Erfüllung wird mit einer einheitlichen Skala eingeschätzt. Schließlich wird die Summe der einzelnen Kriterien errechnet. Aus dem direkten Vergleich mit anderen Ideen oder dem indirekten Vergleich mit im Vorfeld festgelegten Mindestwerten wird über den weiteren Verlauf der Idee entschieden.

4.10 Nutzwertanalyse

WORUM GEHT ES?

Die Nutzwertanalyse stellt die direkte Weiterentwicklung des Kriterienkataloges als Bewertungsmethode dar.

WAS BRINGT ES?

Die Auswahl von Ideen aufgrund eines summarischen Erfüllungsgrades analog zum Kriterienkatalog wird hier um eine Gewichtung der einzelnen Kriterien erweitert (siehe Tabelle 3). Dadurch soll das summarische Ergebnis der Ideenbewertung eine höhere Relevanz für die abschließende Entscheidung erhalten.

	Gewichtung	**Idee 1**		**Idee 2**	
Markterfolg	0,5	3	1,5	2	1,0
Finanzierung	0,3	3	0,9	1	0,3
Innovationsgrad	0,2	2	0,4	3	0,6
		$\sum$	2,8	$\sum$	1,9

Tabelle 3: *Nutzwertanalyse*

WIE GEHE ICH VOR?

Die Nutzwertanalyse stellt ein formales Vorgehen zur Bewertung von Ideen dar. Hier ist jedoch auf eine grundlegende Konsequenz in der Durchführung zu achten. Kriterien und deren Gewichtungen sollten nicht als Variablen betrachtet werden, welche nach einem „falschen“ Ergebnis verändert werden, nur um das initiale Bauchgefühl zu bestätigen. Vielmehr sind sie als Konstanten (über einen mittelfristigen Zeitraum) und somit annähernd unveränderlich zu betrachten.

✓ **Durchführung der Nutzwertanalyse**

- Die einzelnen Bewertungskriterien werden mit einer Gewichtung zwischen null und eins versehen. Dabei muss die Summe aller Gewichtungen gleich eins sein.
- Die eigentliche Bewertung erfolgt analog zum Kriterienkatalog. Jede Idee wird auf ihre spezifische Möglichkeit hin untersucht, das jeweilige Kriterium zu erfüllen.
- Vor der Addition der einzelnen Bewertungen werden diese jedoch mit der Gewichtung der ihnen zugeordneten Kriterien multipliziert. Erst jetzt werden die einzelnen Werte addiert.

4.11 Quality Function Deployment (QFD)

WORUM GEHT ES?

Quality Function Deployment ist eine Qualitätsmethode zur Bestimmung von Kundenbedürfnissen sowie zur unmittelbaren Umwandlung und Realisierung in die notwendigen (technischen) Lösungen (siehe Bild 18). Aus dieser kurzen Beschreibung ergibt sich bereits der Kern des QFD: Es ist keine Methode zur ausschließlichen Qualitätssicherung, vielmehr lässt sich bereits eine sehr detaillierte und kundenorientierte Produktplanung durchführen. Im Rahmen des Innovationsmanagements kann damit eine umfassende Ideen- und Projektbewertung realisiert werden.

Bild 18: *House of Quality (siehe auch Pocket Power-Band 002 Qualitätstechniken)*

WAS BRINGT ES?

QFD kann viele miteinander verbundene Aufgaben lösen und dank eines einfachen und strukturierten Vorgehens gezielt abarbeiten. Zu den Aufgaben zählen:

- unmittelbare Aufnahme von Kundenanforderungen (von direkten und indirekten Kunden),
- Verständnis für die Anforderungen aus Kunden-, Entwickler-, Produzenten- und Verkäufersicht,

- Erfassung von Wechselbeziehungen zwischen einzelnen Anforderungen und Lösungsmerkmalen,
- Definition von Alleinstellungsmerkmalen,
- Ermittlung der Kosten-Wert-Relation,
- klare Kommunikation der Ziele,
- nachvollziehbare Dokumentation des Entscheidungsprozesses.

WIE GEHE ICH VOR?

Als Bewertungstechnik im Innovationsmanagement ist QFD besonders gut geeignet, weil die stark teamorientierte Arbeitsweise alle Beteiligten dazu zwingt, sich aktiv in die Entscheidungsfindung einzubringen. Durch die flexiblen Anwendungsmöglichkeiten kann QFD erfolgreich bei der (Neu-)Produktplanung und Produktspezifikation genutzt werden. An diesem Punkt ist bereits ein relativ klares Bild vorhanden, sodass der notwendige Kontakt mit dem Kunden gesucht werden kann.

Der relativ hohe Zeitaufwand bei der eigentlichen Bearbeitung von Ideen und Innovationsvorhaben wird durch die folgenden Vorteile aufgewogen:

- schnellerer Entwicklungsbeginn,
- weniger Änderungsaufwand,
- verkürzte Produktionszeiten,
- profitable Angebote,
- zufriedene Kunden.

In diesem Sinne sollte QFD nicht bei einer ersten Ideenbewertung eingesetzt werden. Vielmehr ist es die optimale Technik, um bei Vor- und Produktentwicklung die wesentlichen Merkmale richtig zu definieren und damit den gesamten Innovationsprozess zu beschleunigen.

Durchführung von QFD

- Ermittlung der Kundenanforderungen (eventuell müssen vage Aussagen in klar definierte, aussagefähige, messbare Beschreibungen umgewandelt werden),
- Priorisierung der einzelnen Anforderungen durch den Kunden,
- Bildung einer Korrelationsmatrix (QFD-Matrix), in der alle Lösungsmöglichkeiten mit den Anforderungen verknüpft werden,
- Bewertung der Anforderungs-Lösungs-Beziehung und Ermittlung der Lösung mit dem höchsten Erfüllungsgrad,
- Bildung von Beziehungen zwischen den verschiedenen Lösungsmerkmalen.

4.12 Key Performance Indicators (KPI)

WORUM GEHT ES?

Wie bei anderen betrieblichen Abläufen ist es auch im Innovationsmanagement wichtig, den Erfolg und die Zieleinhaltung zu überprüfen. Dazu lassen sich verschiedene sogenannte Key Performance Indicators nutzen.

WAS BRINGT ES?

KPI stellen wichtige Kennzahlen dar, welche zur Überprüfung von Fortschritt und Erfüllungsgrad im Rahmen von Zielsetzungen und (kritischen) Erfolgsfaktoren dienen. Mit ihrer Hilfe lassen sich die Entwicklungen innerhalb einer Organisation messen. So ist es möglich, in das betriebliche Geschehen einzugreifen und entsprechende Maßnahmen herbeizuführen.

WIE GEHE ICH VOR?

Zur Messung der Innovationskraft eines Unternehmens lassen sich vier verschiedene KPI nutzen. Zusätzlich können diese durch weitere abgewandelte Unternehmenskennzahlen ergänzt werden.

Die Ideenquote gibt an, wie viele Ideen pro Mitarbeiter und Zeiteinheit eingereicht worden sind. Dabei wird davon ausgegangen, dass eine hohe Ideenquote von einem großen Kreativitätspotenzial der Mitarbeiter zeugt.

Die Beteiligungsquote gibt an, aus wie vielen verschiedenen Quellen die Ideen stammen. Die Quote wird aus dem Verhältnis der Anzahl der beteiligten Mitarbeiter zur Anzahl der Gesamtbeschäftigten errechnet. Die Beteiligungsquote deutet darauf hin, in welchem Umfang es einer Organisation gelingt, das Kreativitätspotenzial ihrer Mitarbeiter zu nutzen und diese zu einer über die alltäglichen Arbeitsaufgaben hinausgehenden Mitarbeit zu motivieren.

Vergleichbarkeit von Kennzahlen

- Der Erhebungsmodus muss gleich bleiben.
- Grundlegende Daten zur Kennzahlenermittlung sollen qualitativ hochwertig, aber mindestens gleichwertig sein.

Die Nutzenquote kann in zwei verschiedenen Ausprägungen angegeben werden. Zum einen lässt sich der Nutzen pro Mitarbeiter ermitteln. Zum anderen kann der Nutzen pro eingereichter oder verwirklichter Idee bestimmt werden. Mit der Nutzenquote wird der Umfang des Beitrags von Ideen zum Unternehmenserfolg bestimmt.

Die Realisierungsquote gibt das Verhältnis zwischen realisierten und vorhandenen Ideen an. Damit werden also die umgesetzten Ideen beschrieben.

Ergänzend zu diesen üblichen KPI kann jedes Unternehmen eigene Kennzahlen entwickeln, wenn diese als sinnvoll erachtet werden.

5 Ideenmanagement

5.1 Ideenmanagement-Workflow

WORUM GEHT ES?

Die Mehrzahl kreativer Ideen, und seien sie noch so brillant, wird niemals in einer Innovation umgesetzt. Stevens und Burley (1997) haben die Ergebnisse ihrer empirischen Untersuchungen wie folgt auf den Punkt gebracht: „3,000 Raw Ideas = 1 Commercial Success!“ In den meisten Fällen scheitern Innovationen an der Umwandlung der Idee in ein konkretes Innovationsprojekt. Ursachen liegen oftmals im ungenügenden Reifegrad von Ideen, in einem unzulänglichen Management des Implementierungsprozesses oder in der Inkompatibilität mit dem bestehenden Produktportfolio begründet (zu Störungen im Innovationsprozess siehe 3.10).

Betriebliches Vorschlagswesen und Ideenmanagement

Das Ideenmanagement hat seinen historischen Ursprung im betrieblichen Vorschlagswesen (BVW). Die spätere Erweiterung des BVW um den Kontinuierlichen Verbesserungsprozess (KVP) führte zum modernen Ideenmanagement (IDM).

BVW + KVP = IDM

Das IDM umfasst die Bereiche Ideengenerierung, -sammlung und -auswahl. Das Ziel des Ideenmanagements ist die Verbesserung und Neuerung von bestehenden Angeboten. Ideenmanagement ist somit ein Teil des Innovationsmanagements.

WAS BRINGT ES?

Ein systematisches Ideenmanagement versucht, mithilfe standardisierter, bewährter und mehr oder weniger aufwendiger Methoden den Ideenmanagementprozess zu unterstützen und so die Erfolgsrate zu erhöhen oder zumindest die Allokation von Ressourcen zu optimieren. Die genannten Ursachen für das Scheitern von Innovationen zeigen jedoch, dass ein Ideenmanagementprozess alleine meist nicht ausreicht, sondern vielmehr eine breitere Wissensbasis erforderlich ist, um Ideen erfolgreich zur Umsetzung zu bringen. Dazu ist die Integration von Ideen- und Wissensmanagementprozessen sinnvoll (siehe 7.1).

WIE GEHE ICH VOR?

Ein allgemeiner Ideenmanagementprozess im engeren Sinne setzt sich üblicherweise aus den folgenden Bausteinen zusammen: (1) Ideengenerierung, (2) Ideensammlung und (3) Ideenbewertung. Auf Basis der Ideenbewertung erfolgen die erste Auswahl und der initiale Kick-off für das Innovationsprojekt sowie die Gratifikation (Belohnung, Prämierung) für den Ideengeber. Ergänzende Bewertungsschritte und Entscheidungspunkte schließen sich an. Weitere Rollen neben dem Ideengeber spielen innerhalb eines einfachen Ideenmanagementprozesses meist der Ideenmanager als Kümmerer und Administrator sowie eine Ideenbewertungsinstanz (Gutachter, Review-Gremium).

Der Ideenmanagementprozess verläuft in der Regel nicht linear von der Ideengenerierung bis zur Bewertung, sondern ist weiterhin insbesondere gekennzeichnet durch:

- Feedback-Loops, z.B. zur erneuten Überarbeitung einer Idee durch den Ideengeber nach Aufforderung durch den Ideenmanager oder die Gutachter, sowie
- Kollaboration, vor allem zur kooperativen Entwicklung von Ideen, aber beispielsweise auch zur Auswahl und gemeinsamen Bewertung durch mehrere Personen (Review-Gremium).

Ein erweiterter Ideenmanagementprozess bezieht nicht nur das Wissen der eigenen Mitarbeiter im Unternehmen ein, sondern auch das aus externen Quellen. Wichtige Stakeholder in der Funktion als Ideengeber sind neben den Abteilungen, die bereits eine Schnittstellenfunktion besitzen (F&E, Marketing, Sales, Service/Support), vor allem Zulieferer, Kunden sowie F&E- und weitere Netzwerkpartner. Ein webbasiertes Ideenmanagementsystem kann dazu die geeignete technische Plattform bilden (siehe 5.3).

Betriebliches Vorschlagswesen mit System

Die weltweit tätige Hanning & Kahl GmbH & Co. KG ist ein Produzent von Sicherheitssystemen für den schienengebundenen Verkehr und Bahn-, Nahverkehrs-, Brems- und Windenergietechnikanlagen. Das Familienunternehmen erkannte schon frühzeitig, dass Verbesserungen, die durch alle Mitarbeiter getragen werden, für die Zukunftsfähigkeit des Unternehmens ausschlaggebend sind. Auf dieser Basis wurden bereits 1990 ein betriebliches Vorschlagswesen und ein sehr erfolgreicher Kontinuierlicher Verbesserungsprozess realisiert.

Probleme und Lösungen werden bei Hanning & Kahl seit mittlerweile 20 Jahren in allen Unternehmensbereichen betrachtet. So werden Arbeitsbedingungen genauso verbessert wie Produktqualität. Die Besonderheit liegt in der bewussten Kombination von Ideen- und Qualitätsmanagement.

Egal mit welchem Hintergrund Vorschläge entwickelt werden, der Kontinuierliche Verbesserungsprozess läuft über das Ideen- und Innovationsmanagement ab. Es existiert also keine fixe Trennung der Bereiche. Für die Leitung ist vielmehr die aktive Beteiligung der Mitarbeiter wichtig.
Hanning & Kahl hält bewusst alle Wege offen, um möglichst viel Input von den Mitarbeitern zu erhalten. Ideen werden nicht einfach in ein System abgeschoben. Als Erstes steht für den Mitarbeiter immer das persönliche Gespräch mit einem Experten im Vordergrund. So kann eine unkomplizierte, direkte erste Einschätzung erfolgen, die Weiterentwicklung findet dann in einer simplen Webanwendung statt. Auswahl des Entscheiders und Berechnung der Prämie liegen in der Hand des Ideengebers.

5.2 Generierung und Entwicklung von Ideen

WORUM GEHT ES?

Die Generierung und Entwicklung von Ideen ist dem eigentlichen Innovationsprozess vorangestellt. Bevor die Ideen eingesammelt werden können, müssen sie entstehen.

WAS BRINGT ES?

Ideen können spontan entstehen. Dies ist vor allem im betrieblichen Vorschlagswesen der Fall. Dort treten Ideen während der Arbeit oder in der Pause auf. Aber auch in der Freizeit werden Ideen ersonnen und weitergesponnen und dann in den betrieblichen Ablauf übergeben. Diese Ideen haben ihren Ursprung nicht zwingend in einem bekannten Problem oder einer offenen Fragestellung. Sie entsprechen dem geistigen Blitz, der die Mitarbeiter aus heiterem Himmel trifft. Vielleicht hat man sich auch schon länger mit dem Hintergrund auseinandergesetzt. Mittels einer gezielten Ideengenerierung kann die spontane Findung nicht beeinflusst werden. Sie ist vielmehr eine Ergänzung.

Ideenfindung in Unternehmen

Bild 19 zeigt, dass die meisten Ideen in der Freizeit und im Privatleben der Mitarbeiter oder bei Aktivitäten entstehen, die nur mittelbar mit der Arbeit verbunden sind (Dienstreisen, Fahrt zum und vom Büro etc.). Demnach ist die spontane, ungerichtete Ideenfindung ein wesentlicher Bestandteil der Ideengenerierung in Unternehmen und sollte als solche auch gefördert werden.

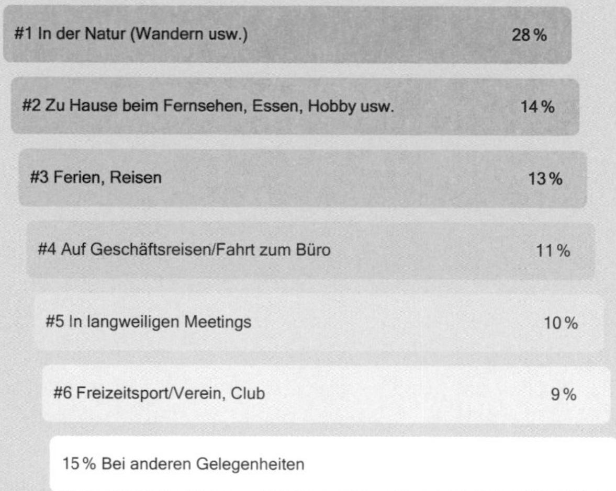

Bild 19: *Wo entstehen neue Ideen? (Nach: Fueglistaller, 2001)*

WIE GEHE ICH VOR?

Ideen können zielgerichtet entwickelt werden. Das ist meist bei der gelenkten Ideenfindung im Rahmen des Kontinuierlichen Verbesserungsprozesses der Fall. Hier werden Ideen mittels verschiedener Kreativitätstechniken (siehe Kapitel 6) erzeugt, bis zu einem von der eingesetzten Methode abhängigen Grad weiterentwickelt und schließlich dem Prozess übergeben. Grundlage der zielgerichteten Ideengenerierung ist immer eine Problem- oder Umweltbeschreibung. Sie gibt den Rahmen vor, in welchem die Ideen entwickelt werden sollen. Je genauer und präziser die Beschreibung vorbereitet wurde, desto fokussierter auf das Problem sind die Ideen später.

5.3 Sammlung von Ideen

WORUM GEHT ES?

Die fortlaufende Sammlung und Nutzung interner und externer Ideen stellt einen grundlegenden Fundus für Innovationen dar. Denn liegen keine Ideen vor, können auch keine Innovationsprojekte angestoßen werden. In den meisten Unternehmen gibt es bereits Ansätze zur Ideensammlung. Darunter sind Anregungen von Kunden und Mitarbeitervorschläge, aber auch fortlaufende Ideenlisten zu verstehen.

WAS BRINGT ES?

Voraussetzung für einen kontinuierlichen Ideenfluss ist eine innovationsfördernde Kultur innerhalb der Organisation. Das heißt: Grundsätzlich sollten alle Ideen willkommen sein und in einem ersten Bearbeitungsschritt das gleiche Maß an Aufmerksamkeit erhalten. Um die Generierung von Ideen sicherzustellen, können wirkungsvolle Kreativitätstechniken gezielt zur strategisch ausgerichteten Ideenfindung eingesetzt werden (siehe Kapitel 6). Viele Ideen haben ihren Ursprung jedoch in tagesaktuellen Problemen und treten mehr oder weniger beiläufig auf. Diese gezielt zu sammeln und nicht zu verlieren ist besonders im Hinblick auf die kurz- und mittelfristige Zielerfüllung eines Unternehmens wichtig.

WIE GEHE ICH VOR?

Ideen können auf vielfältige Art und Weise bei eigenen Mitarbeitern, aber auch aus unternehmensexternen Quellen eingesammelt werden.

Im Rahmen der internen Ideensammlung halten IT-gestützte Systeme zunehmend Einzug in die Unternehmen. Sie unterstützen die kontinuierliche Sammlung von Ideen im täglichen Arbeitsablauf genauso wie gezielt zu bestimmten Problemstellungen (z. B. als Ideenkampagnen), teilweise auch mit Öffnung nach außen beispielsweise unter Einbezug von Kunden (z.B. durch Open-Innovation-Kampagnen oder -Events; siehe 3.7). Dabei reicht der Umfang dieser Systeme von einfachen Eigenentwicklungen bis hin zu komplexen Tools.

Der grundsätzliche Ablauf der Ideensammlung mithilfe eines elektronischen Ideenmanagementsystems sollte für den einzelnen Mitarbeiter transparent sein und ihn bei der Beschreibung und Einreichung von Ideen unterstützen. Darüber hinaus sollten alle Nutzer durch eine eingängige Prozess- und Aufgabenbeschreibung ebenso wie durch ein klares Rollen-/Rechtekonzept geleitet werden. Funktions- und Anwendungsumfang von elektronischen Ideenmanagementsystemen sind skalierbar – von der einfachen Unterstützung der Ideensammlung und -bewertung mit linearem Workflow bis hin zu umfassenden Systemen zur Ideensammlung aus den verschiedensten Quellen und iterativen Schleifen zu deren (auch kollaborativer) Weiterentwicklung und Bewertung.

Der Bedarf einer Komplettlösung, die sowohl die Aspekte des Ideenmanagements, aber auch die weiter gefassten Anforderungen des wissensbasierten Innovationsmanagements einschließt, wird (noch) nicht umfassend abgedeckt (vgl. Dörr et al., 2008). Die Anforderungen aus diesem komplexen Aufgabenumfeld sind:

- zielorientierte Anwendung fortschrittlicher Informations- und Kommunikationsmethoden und -werkzeuge,
- Fokussierung auf Integration, Virtualisierung und interdisziplinäre, multikulturelle Kollaboration.

Grundsätzlich sollte ein Ideenmanagementsystem auch die Aufnahme von Ideen ermöglichen, die mittels herkömmlicher Sammlungsmethoden vorgelegt werden. Hier werden einige dieser Methoden vorgestellt, die meist schon mit geringem Aufwand und sogar ohne Softwareunterstützung durchgeführt werden können:

- Ideenkampagne,
- Frage der Woche und Kaffee-Frage,
- interne Ideenbox,
- Sammelalbum,
- Ideenjäger.

Eine Ideenkampagne wird auf Grundlage einer Problemstellung ausgelöst. Dazu wird eine ausgewählte Gruppe von geeigneten Personen durch den Organisator (üblicherweise der Innovationsmanager oder das Innovationsmanagementteam) persönlich eingeladen. Geeignete Personen sind beispielsweise Kunden, Lieferanten, Mitarbeiter und externe

Know-how-Träger. Sie werden bei einem ersten Treffen mit der zu bearbeitenden Herausforderung konfrontiert und können sich sowohl untereinander als auch das Problem kennenlernen. Innerhalb der ersten Woche gewinnen sie etwas Abstand und haben die Möglichkeit zur kritischen Reflexion. Nach Ablauf dieser Woche werden die Teilnehmer erneut zur Ideenfindung und Lösungsentwicklung herangezogen. Dazu werden gemeinsame Kreativitäts- und Analyseworkshops durchgeführt. Ergänzend zu diesen Präsenzveranstaltungen erfolgt eine Unterstützung durch Poster, Erinnerungspostkarten, kurze Aufmerksamkeitssessions und persönlich verschickte Erinnerungsmails. Eine Ideenkampagne kann aber auch komplett auf Basis eines webbasierten Ideenmanagementsystems durchgeführt werden.

Die „Frage der Woche" und auch die „Kaffee-Frage" sind zwei sehr ähnlich gelagerte Methoden zur Ideensammlung. Die Frage der Woche stellt meist ein alltägliches Problem im Arbeitsumfeld dar. Dieses wird auf einem leeren Plakat oder einer Tafel bekannt gemacht. Die Tafel steht an einer Stelle, die mehrmals täglich von den Mitarbeitern besucht wird (Platz neben der Kaffeemaschine, im Eingangsbereich zu den Büros oder im Pausenraum). Gerade die Teamleiter sollten beim Stellen und Beantworten der Fragen vorbildlich arbeiten. Jeder Mitarbeiter kann mit den Fragemethoden Ideen, Feedback und Gegenentwürfe zu Konzepten erbitten. Bei einer Kaffee-Frage sind die Mitarbeiter dazu angehalten, für jeden Kaffee mit einer sinnvollen Antwort auf der Tafel zu bezahlen – daher die Bezeichnung als „Kaffee-Frage".

Die interne Ideenbox hat ihren Ursprung im betrieblichen Vorschlagswesen und B. per Excel-Vorlage und Einreichung per E-Mail oder als Webformular). Trotz relativ geringer Beteiligungsraten sollte auch dieser Weg zur Abgabe von Ideen offen gehalten werden. In einer Ideenbox können die Ideen völlig unstrukturiert eingehen. Aber um die formalen Voraussetzungen zur weiteren Bearbeitung zu erfüllen, sollten neben der Ideenbox auch die Formulare zur Eingabe der Ideen vorhanden sein. Dadurch sind die Ideengeber angehalten, die formalen Mindestanforderungen der Organisation bei der Ideeneingabe zu erfüllen. Die Box sollte mindestens einmal wöchentlich geleert werden. Die Leerzeiten sind bekannt zu geben. Auf ein Feedback an die Ideengeber ist zu achten, um die Motivation der Mitarbeiter zu erhalten.

Das Sammelalbum kann als Tagebuch für Ideen von einer Einzelperson, aber auch von Gruppen genutzt werden. Einzelpersonen führen das Buch für sich selbst und legen dort alle Gedanken, Ideen und Bilder ab, die sie beeinflussen können oder die sie bereits entwickelt haben. Gruppen führen das Sammelalbum im wechselnden Austausch zwischen Mitarbeitern oder auch verschiedenen Teams. Das Sammelalbum kann zur Anregung auch ein Anfangsproblem enthalten. Das Buch wird von einem Mitarbeiter zum anderen weitergegeben, und jeder sollte einen Beitrag hineinschreiben. Am Ende eines jeden Umlaufs werden die Angaben vom Teamleiter oder Innovationsverantwortlichen ausgewertet. Die Informationen zum Umgang mit dem Sammelalbum sollten auf den Buchklappen vermerkt sein.

Der Ideenjäger sammelt die Ideen direkt bei den Mitarbeitern ein. Er unterstützt die Mitarbeiter bei der Formulierung und Externalisierung eigener Ideen, ohne diese zu verfälschen. Ideenjäger agieren als Verkäufer für „schweigsame Genies“. Sie treten an ihrer Stelle auf und „verkaufen“ die Idee innerhalb der Organisation.

Trendscouting kann eine Methode sein, um auf Basis gesellschaftlicher oder technologischer Trends Ideen für neue

Produkte und Lösungen unternehmensextern „einzusammeln“. Trendscouting ist ein Begriff aus der Marktforschung für das gezielte Aufspüren von Trends, d. h. vor allem die systematische Beobachtung und Analyse von (auch versteckten) Bedürfnissen. Trends lassen sich im Wesentlichen nur beobachten, aber kaum messen. Letztendlich geht es im Kontext Innovationsmanagement darum, frühzeitig Trends zu erkennen und dafür passende innovative Lösungen zu entwickeln (sei es als Pionier, der frühzeitig auf Trends reagiert, oder als Folger, der einen Trend nicht „verschlafen“ will). Durch das Erkennen sich verändernder Lebens- und Arbeitsbedingungen eröffnen sich neue Anwendungsgebiete für zukünftige Angebote. Das mit dem Trendscouting verbundene Abschätzen des potenziellen Marktes kann im Vergleich mit geplanten Entwicklungs-, Markteintritts- und Produktionskosten vor Fehlinvestitionen schützen.

Kontinuierliche Ideensammlung

Die Sammlung von Ideen sollte immer möglichst offen erfolgen. Als Organisation kann man sich also nicht auf nur eine Methode beschränken, sondern muss verschiedenste Wege nutzen, auf denen Ideen eingereicht werden können. Nur so können ein weit gefasster Innovationstrichter am Anfang des Innovationsprozesses und eine große Anzahl eingehender Ideen gewährleistet werden, von denen schließlich nur einige zu erfolgreichen neuen Angeboten am Markt werden.

5.4 Bewertung von Ideen

WORUM GEHT ES?

Die Bewertung der Ideen stellt innerhalb eines formulierten und funktionierenden Ideenprozesses einen wesentlichen Entscheidungspunkt dar. Von der Ideenbewertung hängt es ab, ob eine Idee weiterverfolgt oder verworfen wird.

WAS BRINGT ES?

Die Ideenbewertung soll die Erfolg versprechenden von den weniger Erfolg versprechenden Ideen trennen. Ideen sind aber grundsätzlich unterschiedlich. Man muss bei einer Bewertung also versuchen, verschiedene Grundgedanken und Lösungsmöglichkeiten gegeneinander abzuwägen. Gleichzeitig soll die Bewertung der Ideen das wirtschaftliche Risiko verringern.

WIE GEHE ICH VOR?

Die Ideenbewertung muss sich am eingeführten und etablierten Prozess orientieren. So ist es sinnvoll, die komplexe und umfassende Bewertung einer Idee insgesamt in mehrere kleine Teilschritte zu untergliedern. Im Stage-Gate-Modell nach Cooper (siehe 3.1) sind die einzelnen Gates als Entscheidungspunkte definiert. Bei einer lediglich einmaligen Entscheidung zu Beginn des Innovationsprozesses herrscht über die zukünftige Entwicklung noch große Unsicherheit. Hat man sich dann einmal auf eine Idee festgelegt und muss dieser stur folgen, würde die Unsicherheit sehr groß sein. Alternativen würden nicht untersucht werden und die Entscheidung könnte nicht revidiert werden. Es ist also nicht empfehlenswert, am Anfang des gesamten Innovationsprozesses eine umfassende und unumstößliche Entscheidung zu treffen, da mit wachsender Ressourcenbindung auch das Risiko für das Unternehmen exponentiell steigt.

In diesem Sinne kann eine Ideenbewertung die Informationen, welche im vorgelagerten Prozessabschnitt gesammelt wurden, auswerten und auf deren Grundlage eine fundierte Entscheidung über den weiteren Verlauf der Idee treffen. Durch eine derartige Gestaltung wird die Unsicherheit über den Fortgang und die Entwicklung einer Idee reduziert. Das wirtschaftliche Risiko, welches mit der Verfolgung der Idee verbunden ist, kann reduziert werden.

Die Aspekte Bearbeitung und Bewertung sollten in der Prozessgestaltung inhaltlich klar voneinander abgegrenzt werden, um Vermischungen und unklare Entscheidungen zu vermeiden. Die Entscheidung an sich ist dabei immer zukunftsorientiert und gibt die nächsten Handlungen im folgenden Bearbeitungsabschnitt des Prozesses vor.

Die Ideenbewertung ist eine maßnahmeorientierte Entscheidung. Es wird angegeben, welche Schritte als Nächstes eingeleitet werden und was mit diesen Schritten verbunden ist. Die Ideenbewertung beinhaltet also gleichzeitig auch die Mittelfreigabe. Für die Weiterentwicklung ist es wichtig zu wissen, welche Ressourcen im Folgenden aufgewendet und genutzt werden können.

Zur Gestaltung des Bewertungssystems bestehen im Allgemeinen folgende Anforderungen:

- einfache Anwendung,
- hohe Praktikabilität,
- geringer Durchführungsaufwand,
- leichte Verständlichkeit und hohe Transparenz,

- vergleichbare und eindeutige Ergebnisse zur Nachvollziehbarkeit,
- einfache Reproduzierbarkeit zur Sicherstellung einer hohen Verlässlichkeit,
- Berücksichtigung sowohl quantitativer als auch qualitativer Eigenschaften,
- Unabhängigkeit von durchführenden Personen (Intersubjektivität).

Werden diese Anforderungen mit den Spezifika eines konkreten Unternehmens ergänzt, ist erkennbar, dass sich kein einfaches und allgemeingültiges Modell zur Ideenbewertung empfehlen lässt. Vielmehr muss das Bewertungssystem für Ideen und Innovationsvorhaben an die Notwendigkeiten der Organisation angepasst werden.

Für die Gestaltung eines Ideenbewertungsschemas stehen zahlreiche Bewertungsmethoden zur Verfügung (siehe 4.2 ff.), die entsprechend den spezifischen Anforderungen ausgewählt und adaptiert werden können.

6 Kreativitätstechniken

6.1 Kreativität und Denkmodelle

WORUM GEHT ES?

Die Ideengenerierung findet zwar meist abseits von der eigentlichen Arbeit statt (siehe 5.2), aber gerade strategische Ideen zur Sicherstellung des langfristigen Unternehmenserfolgs werden so kaum entwickelt. Um diesen Mangel zu mindern, ist der Einsatz ausgewählter Kreativitätstechniken ein probates Mittel. Verschiedene Techniken nutzen unterschiedliche Denkmodelle und Gehirnaktivitäten.

WAS BRINGT ES?

Mit dem in diesem Abschnitt vermittelten Hintergrundwissen ist es möglich, die für die konkreten Rahmenbedingungen aussichtsreichste Kreativitätstechnik auszuwählen und anzuwenden.

WIE GEHE ICH VOR?

Ausgehend von der groben Zielsetzung (viele Ideen oder bereits entwickelte Lösungsvorschläge) und den arbeitstäglichen Vorgehensweisen sind geeignete Kreativitätstechniken auszuwählen. Diese sollten komplementäre Ansätze zu den tagtäglichen Denkmodellen der Teilnehmer enthalten (homogene Teilnehmerstruktur) oder die verschiedenen Denkweisen kombinieren (heterogene Teilnehmerstruktur). So können die Kreativitätstechniken als wirkungsvolle Stimulanz eingesetzt werden.

Kreativität ist nicht die bloße, angeborene Eigenschaft eines Menschen, etwas Künstlerisches zu schaffen. Vielmehr bezeichnet Kreativität die Fähigkeit zu schöpferischem Denken und Handeln. Im Begriff Kreativität ist das lateinische Wort *creare* zu finden, das so viel wie erschaffen, erzeugen und hervorbringen, aber eben auch (er)wählen bedeutet. Damit sind die beiden wichtigsten Aspekte beschrieben: freies und logisches Denken in Kombination.

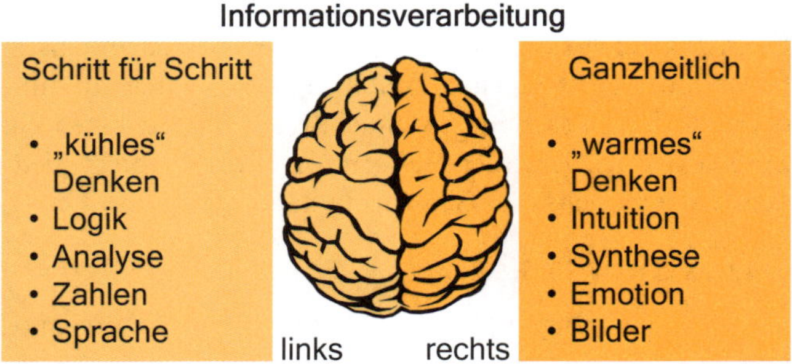

Bild 20: *Unterschiedliche Informationsverarbeitung im Gehirn*

Die Funktionen der beiden Gehirnhälften unterscheiden sich und ein gleichzeitiges Denken in beide „Richtungen“ ist nicht immer möglich (siehe Bild 20). So ist die linke Gehirnhälfte für das rationale Denken, Logik und Sprache zuständig. Links werden Zahlen in Zusammenhang gesetzt und Analysen durchgeführt. Die Informationsverarbeitung erfolgt in der linken Gehirnhälfte Schritt für Schritt. Dort findet das „kühle“ Denken statt. Die rechte Gehirnhälfte hingegen ist für räumliche Vorstellung mit den verschiedenen Dimensionen Gestalten, Fantasie, Intuition und Vorstellungsvermögen sowie Farbwahrnehmung und Rhythmus zuständig. Rechts werden Informationen ganzheitlich verarbeitet. In der rechten Gehirnhälfte sind die „warmen“ Denkprozesse verankert.

Kreativität ist die Verbindung von Fantasie und Logik. Deshalb hat Kreativität nichts mit Intelligenz zu tun. Vielmehr werden im Rahmen der Ausbildung und schließlich in der täglichen Arbeitswelt die rein technischen Fähigkeiten zur Problemlösung verstärkt entwickelt. Das Denken mit der linken Gehirnhälfte überwiegt. Kinder jedoch haben eine sehr hohe Fähigkeit zur Kreativität. Sie lösen viele Probleme zum ersten Mal und verlassen sich nicht auf erlernte und vertraute Denkmuster. Kreativitätsmethoden werden eingesetzt, um einen Zustand herbeizuführen, der dem Problemlösen von Kindern ähnelt. Dazu kann man sich auf drei grundlegende Vorgehensweisen stützen:

- Systematisches Denken: zielgerichtetes und strategisches, dabei aber spielerisches Vorgehen bei der Lösungsfindung.
- Divergentes Denken: Zugang aus unterschiedlichen Richtungen auf das Problem, Eröffnung neuer Sichtweisen durch Perspektivwechsel.
- Konvergentes Denken: Lösungsfindung auf Grundlage des eigenen Erfahrungsschatzes und Wissens entlang von etablierten Lösungsheuristiken.

Für den Einsatz in der Praxis stehen vielfältige Kreativitätsmethoden zur Verfügung (siehe Tabelle 4). Die hier vorgestellten Techniken beziehen sich vor allem auf die Generierung neuer Ansätze innerhalb des Innovationsprozesses (zu einer ausführlicheren Darstellung siehe Pocket Power-Band 009 Kreativitätstechniken). Grundsätzlich ist zu beachten, dass die anzuwendende Methode möglichst konträr zur täglichen Arbeitsbelastung gewählt wird, um eine bestmögliche Stimulation zu verursachen.

Freie Assoziation	Strukturierte Assoziation	Kombination	Konfrontation	Weitere
Keine Struktur, keine Kritik, jegliche Äußerung zugelassen	Vorgegebene Struktur wird durchlaufen	Neuartiges Zusammenfassen bestehender Elemente	Übertragung problemfremder Prinzipien	
Brainstorming	Walt-Disney-Methode	Morphologischer Kasten	Synektik	Bionik
Ringaustausch	6-Hüte-Methode	Morphologische Matrix	Reizwortanalyse	Osborne-Checkliste
6–3–5		Attribute Listing	Visuelle Konzentration	Kopfstand
Mindmapping			TRIZ	Relevanzbaumanalyse

Tabelle 4: *Kreativitätstechniken und Beispiele (siehe auch Pocket Power-Band 009 Kreativitätstechniken)*

Grundregeln für Kreativitätsmethoden

- Heterogene Gruppen zusammenstellen und für eine positive Gruppenstimmung sorgen.
- Normen und Regeln hinter sich lassen, „Unsinn" machen.
- Keine Angst vor Misserfolg, Freude am Erfolg haben.

6.2 TRIZ

WORUM GEHT ES?

TRIZ ist die russische Abkürzung für die Theorie zur Lösung von Erfindungsaufgaben. Bei der von Genrich Altschuller (1984) und seinen Mitarbeitern entwickelten Methode werden Probleme gelöst. Diese sind in technisch physikalischer Hinsicht zu identifizieren, zu verstärken und zu eliminieren. Aus der detaillierten Analyse von 40 000 Patenten sind die 40 Innovationsprinzipien von TRIZ und 39 technische Parameter hervorgegangen. Auf die Parameter lassen sich annähernd alle technischen Probleme zurückführen.

WAS BRINGT ES?

Problemlösung mit TRIZ stellt eine Methode zur Verbesserung und Optimierung bestehender Systeme oder Produkte dar. Eine grundlegend neue Entwicklung kann bei der Anwendung von TRIZ aber nicht erwartet werden.

WIE GEHE ICH VOR?

Ausgangslage zur Anwendung von TRIZ ist ein Problem. Auf dieser Grundlage sollen neue, innovative Produkte entwickelt werden, die bestenfalls auch noch patentfähig sind.

Mit den 40 Prinzipien und 39 Parametern können zahlreiche Lösungsmöglichkeiten erarbeitet werden. Diese werden in Verbindung mit einer Widerspruchsmatrix oder Widerspruchstabelle angewendet und schließlich als Problemlösung verwendet. Für die ausführliche Darstellung der Durchführung sei auf die weitere verfügbare Literatur verwiesen.

TRIZ in der Praxis

- Die Anwendung von TRIZ ist relativ schwierig. Ein geübter und erfahrener Trainer ist unerlässlich.
- Softwareprogramme zu TRIZ gibt es viele. Aber auch hier ist die ursächliche Problembeschreibung und richtige Anwendung ohne fachliche Begleitung kaum möglich.

6.3 Mind-Mapping

WORUM GEHT ES?

Das Ziel von Mind-Mapping ist die grafische Unterstützung des Denkprozesses.

WAS BRINGT ES?

Mind-Mapping lässt sich sehr gut mit anderen Kreativitätstechniken kombinieren. So kann den Teilnehmern besonders bei langen Workshops die nötige Unterstützung geboten werden.

WIE GEHE ICH VOR?

Alle Gedanken zu einer Idee oder zu einem Problem werden gesammelt und durch eine bildhafte Darstellung gleichzeitig geordnet. Dadurch sollen beide Gehirnhälften aktiviert und soll so ein ganzheitliches Denken ermöglicht werden. Unter Zuhilfenahme der grafischen Darstellung lassen sich auch schwierige Themen und komplexe Informationen leicht strukturieren. Durch die deutliche Formulierung der Gedanken werden neue Ideen und Zusammenhänge generiert.

Es lassen sich verschiedene Grundstrukturen bei einer Mind-Map erstellen (siehe Bild 21). Wenn die Generierung einer Mind-Map durch entsprechende Softwarelösungen unterstützt wird, kann die Struktur und Ordnung der Mind-Map während der Erstellung und auch nachträglich verändert werden. Dadurch gewinnen die Teilnehmer ein erhöhtes Maß an Flexibilität und sind nicht durch überholte Strukturen in ihrer Entfaltung eingeschränkt.

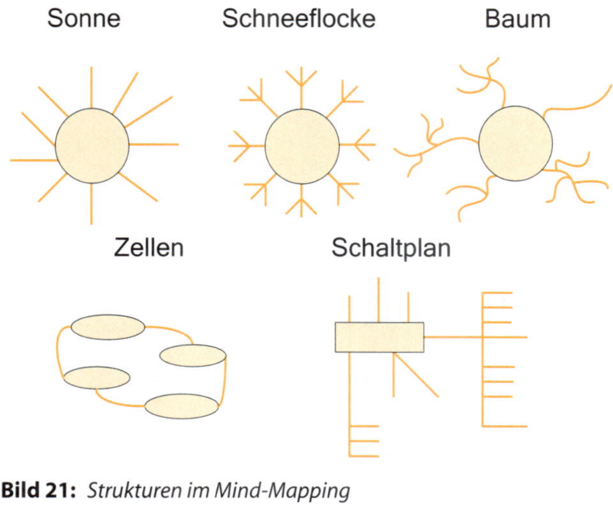

Bild 21: *Strukturen im Mind-Mapping*

Mind-Mapping in der Praxis

Sie benötigen:
- große Papierbögen,
- bunte Stifte,
- eventuell Mind-Mapping-Software.

Geeignet für:
- Einzelpersonen,
- Gruppenworkshops bis ca. vier Personen pro Mind-Map.

6.4 6-Hüte-Methode

WORUM GEHT ES?

Die 6-Hüte-Methode wurde von Edward de Bono (1986) entwickelt. Jeder der sechs andersfarbigen Hüte symbolisiert eine andere Denkweise.

WAS BRINGT ES?

Die Teilnehmer nehmen verschiedene Sichtweisen auf das Problem ein, um so ein möglichst vollständiges Bild zu erhalten.

WIE GEHE ICH VOR?

Die Hüte, dargestellt durch unterschiedliche Farben, präsentieren die folgenden sechs Sichtweisen:

- Weiß – Zahlen, Daten, Fakten,
- Schwarz – Schwierigkeiten, Probleme,
- Rot – Emotion, Intuition,
- Gelb – Vorteile, Nutzen,
- Grün – Alternativen, Kreativität,
- Blau – Moderation, Koordination der anderen Hüte.

Die unterschiedlichen Denkhaltungen werden von mehreren Teilnehmern zusammen oder auch von mehreren Teilnehmern nacheinander eingenommen. Die Schwierigkeit bei Techniken der strukturierten Assoziation liegt in der klaren Trennung der einzelnen Denkweisen. Ist diese erfolgreich, kann die Ideenfindung strukturiert und gesteuert durchgeführt werden.

6-Hüte-Methode in der Praxis

Sie benötigen:
- farbige Markierungspunkte.

Geeignet für:
- Einzelpersonen,
- Gruppenworkshops mit fünf Personen und einem Moderator (blauer Hut) oder mehrere Personen pro Farbe.

6.5 Walt-Disney-Methode

WORUM GEHT ES?

Die Walt-Disney-Methode ist ebenfalls eine Technik der strukturierten Assoziation. Sie ist in einen vorgelagerten und drei eigentliche Arbeitsabschnitte gegliedert, die der Arbeitsweise von Walt Disney entsprechen (Dilts, 1994).

WAS BRINGT ES?

Die Walt-Disney-Methode ist für die Teilnehmer meist relativ einfach durchzuführen, weil sie einen noch strukturierteren Ablauf und Vorgehensplan bietet als die 6-Hüte-Methode. Die Reduktion auf drei gerichtete und eine neutrale Denkweise bietet den Teilnehmern einen einfachen und leicht verständlichen Ansatz. Dieser ist für sie gut durchführbar, da er weniger theoretisch erscheint. Zur gelungenen Durchführung trägt auch die angemessene Raum- und Umgebungsgestaltung zu jedem Denkansatz bei. Sie unterstützt die entsprechende Denkweise der Teilnehmer unterschwellig und ist maßgeblich für den Durchführungserfolg.

WIE GEHE ICH VOR?

Die Teilnehmer durchlaufen die neutrale Problemdefinition und die nachfolgenden drei gerichteten Denkweisen. Üblicherweise findet dieser Kreislauf so lange statt, bis im Bereich der Kritik keine relevanten Fehler mehr aufgedeckt werden, das Problem also gelöst ist:

- Problemdefinition – in neutraler Umgebung wird das Problem oder die Fragestellung möglichst konkret beschrieben. Damit wird der Ausgangspunkt für das weitere Vorgehen geschaffen.
- Träumer – hier ist alles möglich. In anregender Atmosphäre und ohne Zeitdruck werden kühne Entwürfe zur Problemlösung angefertigt, ohne dabei auf die Realisierbarkeit zu achten.
- Realist – in nüchterner Umgebung werden Realisierungsmöglichkeiten für die Entwürfe gefunden. Hier müssen in einer vorgegebenen Zeit messbare Zahlen, Daten und Fakten ermittelt werden.
- Kritiker – in unangenehmer Atmosphäre werden hier Kritik und Destruktivität unverblümt vorgetragen. Fehler sollen so aufgedeckt werden. Sie sind Ausgangspunkt einer erneuten Problemdefinition.

6.6 Morphologischer Kasten

WORUM GEHT ES?

Der Morphologische Kasten ist eine Kreativitätsmethode, bei deren Einsatz eine Vielzahl an ungewöhnlichen Ideen generiert wird (Geschka, 2006). Der Morphologische Kasten ist auch unter den Begriffen „Morphologische Matrix" oder „Morphologisches Tableau" bekannt.

WAS BRINGT ES?

Der Morphologische Kasten ist eine kreativ-analytische Methode, um alle möglichen Lösungen eines Problems zu finden und nicht nur die offensichtlichen und bekannten.

WIE GEHE ICH VOR?

Das Vorgehen nach der Methode des Morphologischen Kastens erfolgt in drei Schritten:

- Zunächst werden alle relevanten Elemente eines Grundproblems bestimmt und untereinander aufgelistet. Diese Parameter sollten unabhängig voneinander sein, d.h., sie dürfen einander nicht bedingen. Falls einzelne Parameter von anderen abhängen oder diese modifizieren, sich also nicht auf das Grundkonzept beziehen, sind sie aus der weiteren Bearbeitung auszuschließen.
- In einem zweiten Schritt werden die verschiedenen Ausprägungen jedes Parameters bestimmt und den jeweiligen Parametern zeilenweise zugeordnet.
- Durch die Kombination der unterschiedlichen Parameterausprägungen werden Lösungsmöglichkeiten für das Ausgangsproblem gebildet. Jede Kombination stellt eine mögliche Lösung für das Grundproblem dar (siehe dazu

Ideenfindung				
Organisator	Teamleiter	Praktikant	IM-Assistent	
Teilnehmer	alle	Kunden	Azubis	interne Experten
Kontakt	E-Mail	Anruf	persönliche Einladung	
Methode	Bionik	Walt Disney	Mind-Mappping	
Ort	Konferenzraum im Haus	Tagungshotel		
Zeit	vormittags	nachmittags	abends	

Bild 22: *Morphologischer Kasten und Lösungsmöglichkeiten*

das Beispiel zum Thema Ideenfindung mit zwei Lösungsmöglichkeiten in Bild 22).

6.7 Bionik

WORUM GEHT ES?

Mit dem Begriff Bionik werden die Analyse von Prinzipien der belebten Natur und deren innovative Umsetzung in praxisrelevante Lösungen beschrieben (vgl. dazu VDI-Richtlinie 6220). Die bionische Denkweise kann als Kreativitätstechnik zur Ideengenerierung verwendet werden (vgl. dazu VDI-Richtlinien 6221 bis 6225).

WAS BRINGT ES?

Die Bionik ermöglicht als Kreativitätstechnik visionäre Sprünge auf Grundlage langfristig etablierter und erprobter Prinzipien. Damit sind völlig neue Lösungsansätze für zukünftige technische, logistische und materialwissenschaftliche Anwendungen möglich.

WIE GEHE ICH VOR?

Um bionische Lösungen zu entwickeln, bieten sich die Vorgehensweisen „Biology Push“ als Bottom-up-Prozess oder der „Technology Pull“ als Top-down-Prozess an (siehe Bild 23; vgl. Herdy und Dörr, 2012).

Der Bottom-up-Prozess beginnt mit biologischer Grundlagenforschung und ergründet biomechanische oder funktionsmorphologische Zusammenhänge biologischer Systeme. Nachdem diese zugrunde liegenden Prinzipien erkannt und beschrieben wurden, werden sie anschließend weiter abstrahiert. Ohne weitere Betrachtung des biologischen Vorbilds kann so die Suche nach möglichen technischen Anwendungen beginnen. In Zusammenarbeit mit Ingenieuren, Technikern, Designern oder weiteren Spezialisten erfolgt die Entwicklung neuer Anwendungen.

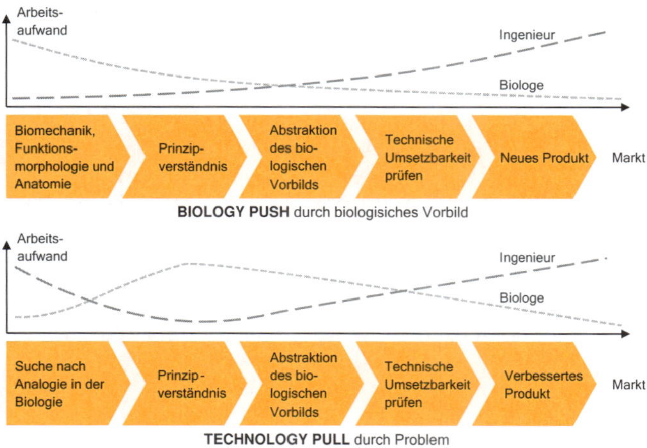

Bild 23: *Vorgehensweisen der Bionik im Vergleich (in Anlehnung an: Plant Biomechanics Group Freiburg, 2010)*

Für das analytische Vorgehen im Rahmen eines Technology Pull wird zunächst das zu lösende Problem definiert, um dann mit der Suche nach Vorbildern in der Natur zu beginnen. Sind diese gefunden, werden sie eingehender untersucht, um schließlich bei der Suche nach Lösungen als Erkenntnisgewinn zur Anwendung gebracht zu werden.

Bei der Anwendung bionischer Prinzipien sollte keine simple Übertragung von scheinbar hilfreichen Formen oder Prinzipien angestrebt werden. Analoge Zusammenhänge, die sich jedoch unabhängig voneinander entwickelt haben, sind keine Anwendungen der Bionik und bei der Übertragung biologischer Lösungen nicht zielführend. Vielmehr müssen die Grundmuster der biologischen Vorbildlösung detailliert verstanden und in ihrer Sinnhaftigkeit hinterfragt werden.

Bionik in der Praxis

- Der Klettverschluss ist den elastischen Häkchen der Klette nachempfunden, die so ihre Verbreitung sicherstellt.
- Die runde Gestaltung der Rumpfspitze großer Schiffe wurde der Form von Walköpfen entlehnt.
- Kühlsysteme in Gebäuden, welche in Gebieten mit hohen Außentemperaturen errichtet werden, nutzen Prinzipien der Luftzirkulation von Termitenbauten.
- Struktur- und Gewichtsoptimierung von Bauteilen erfolgt nach Analyse der Wuchsformen von Bäumen und Knochen.
- Winglets, die gebogenen Enden an Tragflächen von Flugzeugen, wurden in Analogie zu den gebogenen, fächerförmigen Schwungfedern bei Vögeln entwickelt.

6.8 Osborn-Checkliste

WORUM GEHT ES?

Alex Osborn entwickelte neben dem Brainstorming weitere Kreativitätsmethoden, darunter auch die nach ihm benannte Checkliste (Osborn, 1957). Mithilfe des Fragenkataloges soll das kreative Denken bewusst in verschiedene, bisher unbeachtete Bereiche gelenkt werden. Somit werden bei der Anwendung der Checkliste auf ein bestehendes Produkt oder ein bekanntes Problem neue Perspektiven eröffnet.

WAS BRINGT ES?

Es werden systematisch Veränderungsmöglichkeiten eines Produktes oder Prozesses analysiert und eine Reihe von neuen Alternativen gefunden. Gleichzeitig wird verhindert, dass man mit einer ersten, möglicherweise recht konventionellen Lösung zufrieden ist.

WIE GEHE ICH VOR?

Die Osborn-Checkliste wird in zwei Schritten angewandt. Im ersten Schritt werden mithilfe der Liste alle Variationsmöglichkeiten erfasst, ohne diese auf ihre Realisierbarkeit hin zu untersuchen. Die Checkliste umfasst dabei die folgenden zehn Gestaltungsfelder: Zweckänderung, Adaption, Modifikation, Vergrößerung, Verkleinerung, Substitution, Umgruppierung, Umkehrung, Kombination und Transformation. Jedes Gestaltungsfeld ist mit mehreren detaillierten Fragen unterlegt.

Im zweiten Schritt werden die gefundenen Variationsmöglichkeiten auf ihre Durchführbarkeit hin untersucht und die realistischen für eine Weiterentwicklung ausgewählt. Die so gefundenen Lösungen können bis zur Produktreife vorangetrieben werden.

Die Osborn-Checkliste in der Praxis

- Die Liste sollte für jedes Problem, jedes Produkt vollständig bearbeitet werden. Nur so nutzt man das volle Potenzial der Methode und kann eine vollständige Liste von Variationen entwickeln.
- Es sollte für jede Frage in den zehn Gestaltungsfeldern mindestens eine Antwort entwickelt werden.
- Für die Durchführung werden ca. 60 Minuten benötigt; in größeren Gruppen, durch die Möglichkeit zur Diskussion, auch mehr.
- Die Entwicklung von Varianten kann unterbrochen werden, ein thematischer Wiedereinstieg wird durch die Checkliste unterstützt.

6.9 Design Thinking

WORUM GEHT ES?

Die Methode des Design Thinking, vor allem an der Stanford University in Kalifornien entwickelt (Brown, 2009; Kelley und Littmann, 2002) und in Deutschland durch die School of Design Thinking in Potsdam vertreten, zielt auf die Lösung komplexer Probleme und Entwicklung innovativer Ideen.

WAS BRINGT ES?

Basierend auf der Annahme, dass herausragende Lösungen vor allem durch möglichst heterogene und interdisziplinäre Teams entwickelt werden, ist der Ausgangspunkt des

Design-Thinking-Prozesses die richtige Fragestellung, auf deren Grundlage Bedürfnisse der Nutzer und ihre Motivation erkannt werden. Für ihre Anforderungen werden dann in einem iterativen Prozess anwendungsorientierte Konzepte entwickelt, getestet und schließlich umgesetzt.

WIE GEHE ICH VOR?

Der Design-Thinking-Prozess beinhaltet sechs Elemente (nach School of Design Thinking, Potsdam):

- Verstehen: Wahl und Formulierung der Fragestellung, Definition von Bedürfnissen, Anforderungen und Herausforderungen.
- Beobachtung: Recherche und Forschung zur Inspiration und zum Erkenntnisgewinn.
- Ideenfindung: Kreation, Visualisierung und erste Realisierung sowie die Bewertung unterschiedlicher Optionen.
- Verfeinerung: Prototyping, Test und Verbesserung der Optionen in Konzepte.
- Ausführung: Umsetzung des bestmöglichen Konzeptes.
- Lernen: erneuter Erkenntnisgewinn aus dem realisierten Konzept und laufende Verbesserung.

Design Thinking in der Praxis

Für die erfolgreiche Durchführung eines Design-Thinking-Workshops sind durch die Teilnehmer fünf Eigenschaften zu erfüllen: (1) Empathie als das Einnehmen verschiedener Blickwinkel und das detaillierte Beobachten, (2) integratives Denken als umfassende Erfassung der Problemstellung, (3) Optimismus als Antrieb zur Verbesserung des Bestehenden, (4) Experimentierfreudigkeit als kreative Lösungsfindung mit Fehlertoleranz und (5) Teamfähigkeit als Grundlage zur Arbeit in interdisziplinären Teams. Zu Beginn eines Design-Thinking-Workshops müssen die Teilnehmer also entsprechend auf diese fünf Eigenschaften hin sensibilisiert werden.

7 Aktuelle Trends

7.1 Innovations- und Wissensmanagement

Innovationen sind stets eng verknüpft mit Wissen. Dieses Wissen steckt vor allem in den Köpfen der Mitarbeiter (Wersig, 2000), aber auch in Dokumenten, Prozessen und externen Quellen. Die gesamte Wissensbasis eines Unternehmens ist Gegenstand von Wissensmanagement und bildet eine wichtige Grundlage für Innovationen (siehe auch Pocket Power-Band 032 Wissensmanagement). Was liegt also näher, als Innovations- und Wissensmanagement zu integrieren und durch geeignete Werkzeuge beide Prozesse gemeinsam zu unterstützen?

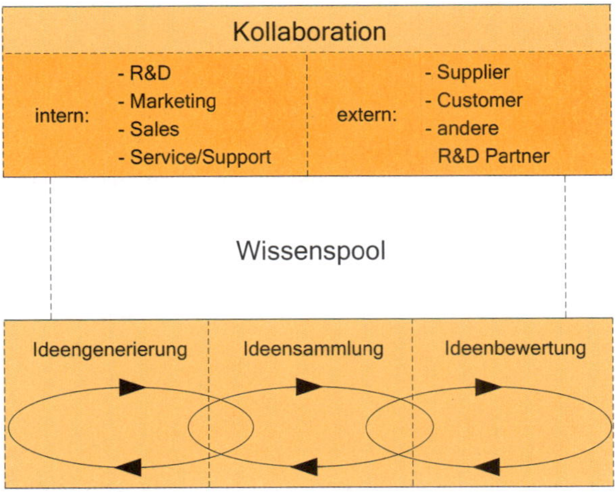

Bild 24: *Integration von Kollaboration und Loops im Ideenmanagementprozess (aus: Müller-Prothmann, 2008)*

Der Innovationsprozess verläuft in der Regel nicht linear von der Ideengenerierung bis zur Neuprodukteinführung, sondern ist weiterhin insbesondere gekennzeichnet durch:

- Feedback-Loops, z.B. zur erneuten Überarbeitung einer Idee oder einer Vorentwicklung;
- Kollaboration, vor allem zur kooperativen Entwicklung von Innovationen;
- interne und externe Störungen.

Ein wissensbasiertes Innovationsmanagement unterstützt also den Innovationsprozess ebenso wie den Wissensaustausch auf und zwischen den verschiedenen Ebenen (Individuum, Gruppe, Organisation) durch die konsequente Umsetzung von Feedback- und Feedforward-Loops, Kollaboration intern sowie mit externen Partnern und die explizite Berücksichtigung von Störfaktoren (siehe 3.10).

Ein erweiterter Innovationsprozess bezieht nicht nur das Wissen der eigenen Mitarbeiter im Unternehmen ein, sondern auch das aus externen Quellen. Wichtige Stakeholder z.B. in der Funktion als Ideengeber sind neben den Abteilungen, die bereits eine Schnittstellenfunktion besitzen (F&E, Marketing, Sales, Service/Support), vor allem Zulieferer, Kunden sowie F&E- und weitere Netzwerkpartner. Die systematische Unterstützung von wissensbasierten Kollaborationsprozessen der relevanten Stakeholder sowie von Feedback- und Feedforward-Loops in einer Plattform bietet weitreichende Ansatzpunkte für ein integriertes Ideen- und Wissensmanagement (siehe Bild 24).

Für die Integration von Innovations- und Wissensmanagement gibt es sicherlich zahlreiche weitere Ansatzpunkte, die über das Thema Ideenmanagement hinausgehen. Im Bereich Ideenmanagement ist der Einstieg zur Integration aber relativ einfach und der Nutzen schnell erkennbar. Darüber hinausgehende Ansätze reichen beispielsweise vom personengebundenen Wissenstransfer in Innovationsprozessen bis hin zur Auswertung und Dokumentation von Lessons Learned aus Innovationsprojekten.

7.2 Normungsaktivitäten im Innovationsmanagement

Im Innovationsmanagement haben aktuell Normungsaktivitäten stattgefunden, die einerseits als Unterstützung für die Gestaltung und Einführung eines systematischen Innovationsmanagements in Unternehmen dienen sollen, andererseits auch bei der Beurteilung des Reifegrads des Innovationsmanagements in Unternehmen helfen können (siehe auch 4.1).

Im November 2008 wurde vom Europäischen Komitee für Normung (CEN) das Technical Committee „Innovation Management" (CEN/TC 389) ins Leben gerufen, um Unternehmen ein Rahmenwerk in Form von standardisierten Dokumenten bereitzustellen, die einen systematischeren Umgang mit Innovationen ermöglichen sowie Planung und Management der unternehmerischen Innovationsfähigkeit zu optimieren helfen.

Auf deutscher Ebene wurde zur Begleitung der europäischen Initiative und zur ergänzenden Erarbeitung von Inhalten im April 2009 der Spiegelausschuss „Innovationsmanagement" (NA 159-01-10 AA) im Normenausschuss Dienstleistungen beim DIN Deutsches Institut für Normung e.V. gegründet. Als interessierte Kreise wirken in diesem Normenausschuss Wirtschaft, Wissenschaft, Berater, Institutionen und Behörden bzw. öffentliche Einrichtungen mit.

Erklärte Zielstellung der Normungsaktivitäten auf europäischer und deutscher Seite war, bei gleichzeitiger Kompatibilität mit allgemeinen Anforderungen anderer Managementsysteme (z. B. EN ISO 9001), die Normung von Hilfsmitteln, Methoden, Verfahren und Prozessen, die es Unternehmen und Organisationen ermöglicht, ein Innovationsmanagement einzuführen und weiterzuentwickeln. Zielgruppe sind alle Arten von Organisationen, die Grundlagen zur Initiierung ihrer Innovationstätigkeit identifizieren und einführen bzw. ein Innovationsmanagement definieren, implementieren, aktualisieren und verbessern wollen. Ein besonderer Fokus ist auf die Verständlichkeit und Praktikabilität gerade für KMU gerichtet. Wichtig ist zu betonen, dass ausdrücklich keine Zertifizierungsabsicht verfolgt wurde.

Ergebnis ist die CEN/TS 16555-1, erschienen im Herbst 2013. Diese Technische Spezifikation stellt einen Leitfaden für die Erarbeitung und Aufrechterhaltung eines Innovationsmanagementsystems (IMS) zur Verfügung, das dem PDCA-Zyklus (Plan-Do-Check-Act) folgt, so dass es in weitere, bereits in den Organisationen bestehende genormte Systeme der Unternehmensführung (z. B. nach EN ISO 9001, 14001) integriert werden kann.

Weitere Informationen finden sich auf den Webseiten des CEN/TC (http://www.cen.eu) und des DIN (http://www.nadl.din.de).

7.3 Herausforderung Industrie 4.0

Unter dem Schlagwort „Industrie 4.0“ zur Bezeichnung der vierten industriellen Revolution wird die globale Vernetzung von Produktionseinheiten, welche sich selbständig organisieren, um Aufträge auszuführen, verstanden. Als Zukunftsprojekt im Rahmen der Hightech-Strategie wird das Thema vor allem von der Politik und Unternehmensvertretern vorangetrieben. Auf politischer Ebene adressiert beispielsweise der Arbeitskreis Industrie 4.0 diese Herausforderungen und hat in den Umsetzungsempfehlungen für das Zukunftsprojekt Industrie 4.0 verschiedene Schwerpunkte, beispielsweise für die horizontale Integration über Wertschöpfungsnetzwerke, Cyber-Physical Production Systems sowie neue, soziale Infrastrukturen der Arbeit, aufgegriffen. Doch obwohl der Terminus Industrie 4.0 aktuell in aller Munde ist, fehlen bislang Visionen und Konzepte, auf denen eine konkrete Umsetzung innerhalb exemplarischer Vorreiterfabriken fußen könnte (vgl. Spur et al., 2012).

Um den fehlenden konzeptionellen Arbeiten entgegenzuwirken, den grundlegenden Umbruch der industriellen Fertigung aktiv mitzugestalten und dadurch die weitere Entwicklung des Industriestandortes Deutschland zu sichern, müssen Produktionsforschung und Anwender in der produzierenden Industrie gemeinsam Lösungen entwickeln, sich so für die Herausforderungen der Zukunft absichern und der Abwanderung der Fertigung entgegentreten.

Auf kurze Sicht ergibt sich ein Bedarf an konzeptionellen Forschungsarbeiten, die eine Visionsformulierung, Konzeptableitung und darauf aufbauend konkrete Vorschläge für die Ausgestaltung hochautomatisierter Fabriken entwickeln. Für die perspektivische Entwicklung und Erneuerung der Automatisierung ist es unabdingbar, über eine Systematik zu verfügen, die den Erfolg von Innovationsprojekten absichert. Das zu entwickelnde Innovationssystem muss den Anwender befähigen, Bedarfe langfristig zu erkennen, Probleme sowie Divergenzen zwischen aktuellen und zukünftigen Produktionssituationen zu erfassen, Lösungen zu entwickeln, die Umsetzung zu begleiten und schließlich die Nutzung des innovierten Produktionssystems zu betreuen.

Darauf aufbauend sind mit kurz- bis mittelfristigem Horizont Methoden zur Analyse, Charakterisierung und Bewertung der avisierten technologischen und wirtschaftlichen Potenziale von Innovationen zu entwickeln. Diese müssen sich reibungslos in das Innovationssystem integrieren und bilden eine fachliche und methodische Vertiefung. Um die Entwicklung des Systems zu ermöglichen, muss das Wissen über Produktionssysteme, den gesamten Lebenszyklus von Produkt und Produktion sowie das Zusammenspiel von realer und digitaler Welt kontinuierlich aufgearbeitet werden.

Einen mittelfristigen Schwerpunkt der Forschungsarbeit bildet die Ausschöpfung von Potenzialen der Ressourceneffizienz, der Produktivitäts- und Wirkungsgradsteigerung. Ziel der Arbeiten ist es, deren Gesamtoptimum zu erreichen. Dafür sind neue Methoden und Konzepte zu entwickeln, die sich wiederum harmonisch in die übergeordnete Systematik des Innovationssystems einfügen.

Unabhängig vom Schlagwort Industrie 4.0 unterliegen die Produktionssysteme einem kontinuierlichen Wandel. Um auch in Zukunft auf die wechselnden Anforderungen von Kunden und Märkten zu reagieren und bereits proaktiv neue Technologien und Materialien einzusetzen, sind Innovationen zwingend notwendig. Um Deutschland als weltweit führenden Produktionsstandort von Spitzentechnologien abzusichern, ist ein ganzheitlicher Innovationsansatz dringend erforderlich und sollte im Zentrum nächster Untersuchungen sowie Forschungsarbeiten stehen.

8 Literatur

Altschuller, Genrich S.: Erfinden. Wege zur Lösung technischer Probleme, Berlin 1984

Bader, Martin A.: „Schutz vor Innovationen mit der richtigen Patentstrategie", in: Gassmann, Oliver; Sutter, Philipp: Praxiswissen Innovationsmanagement. Von der Idee zum Markterfolg, München 2008, S. 139 – 159

Bertsche, Bernd; Bullinger, Hans-Jörg (Hrsg.): Entwicklung und Erprobung innovativer Produkte – Rapid Prototyping. Grundlagen, Rahmenbedingungen und Realisierung, Berlin, Heidelberg, New York 2007

Bono, Edward de: Edward de Bono's Denkschule. Zu mehr Innovation und Kreativität, Landsberg am Lech 1986

Brown, Tim: Change by Design: How Design Thinking Transforms Organizations and Inspires Innovation, New York 2009

Busch, Burkhard G.: Erfolg durch neue Ideen, Berlin 1999

Chesbrough, Henry W.: Open Innovation. The New Imperative for Creating and Profiting from Technology, Boston 2003

Clifford, Donald K.; Bridgewater, B. A.; Hardy, Thomas: „The game has changed", in: The McKinsey Quarterly, Autumn 1975, S. 2–21

Contractor, Farok J.; Lorange, Peter: „Why Should Firms Cooperate? The Strategy and Economics Basis for Cooperative Ventures", in: dies. (Hrsg.): Cooperative Strategies in International Business. Joint Ventures and Technology Partnerships between Firms, Lexington/MA, Toronto 1988, S. 3 – 30

Cooper, Robert G.: Predevelopment Activities Determine New Product Success. In: Industrial Marketing Management, Jg. 17, Nr. 3, 1988, S. 237 – 247

Cooper, Robert G.: Top oder Flop in der Produktentwicklung. Erfolgsstrategien: Von der Idee zum Launch, Weinheim 2002

Corsten, Hans; Gössinger, Ralf; Schneider, Herfried: Grundlagen des Innovationsmanagements, München 2006

Dahan, Ely; Hauser, John: „The Virtual Customer", in: Journal of Product Innovation Management, Jg. 19, Nr. 5, 2002, S. 332 – 353

Dilts, Robert B.: Know-how für Träumer. Strategien der Kreativität, Paderborn 1994

Dörr, Nora; Behnken, Edda; Müller-Prothmann, Tobias: „Web-based Platform for Computer Aided Innovation. Combining Innovation and Product Lifecycle Management", in: Gaetano Cascini (Hrsg.): Computer-Aided Innovation (CAI), Boston 2008, S. 229–237

Foster, Richard N.: Innovation: The Attacker's Advantage, New York 1986

Fueglistaller, Urs: Tertiarisierung und Dienstleistungskompetenz in schweizerischen Klein- und Mittelunternehmen, St. Gallen 2001

Gassmann, Oliver: „Innovation – Zufall oder Management?" In: Gassmann, Oliver; Sutter, Philipp: Praxiswissen Innovationsmanagement. Von der Idee zum Markterfolg, München 2008, S. 1–23

Gassmann, Oliver; Enkel, Ellen: „Open Innovation. Die Öffnung des Innovationsprozesses erhöht das Innovationspotenzial", in: Zeitschrift für Organisation, Jg. 75, Nr. 3, 2006, S. 132–138

Gassmann, Oliver; Sutter, Philipp (Hrsg.): Praxiswissen Innovationsmanagement. Von der Idee zum Markterfolg, München 2008

Gebauer, Heiko et al.: Management von Dienstleistungsinnovationen. In: Oliver Gassmann, Philipp Sutter: Praxiswissen Innovationsmanagement. Von der Idee zum Markterfolg, München 2008, S. 201–222

Gelbmann, Ulrike; Vorbach, Stefan: „Strategisches Innovationsmanagement", in: Strebel, Heinz: Innovations- und Technologiemanagement, Wien 2007, S. 157–211

Gerybadze, Alexander: Technologie- und Innovationsmanagement. Strategie, Organisation und Implementierung, München 2004

Geschka, Horst: „Die Szenariotechnik in der strategischen Unternehmensplanung", in: Hahn, Dietger; Taylor, Bernard (Hrsg.): Strategische Unternehmensplanung – Strategische Unternehmensführung, Heidelberg 1999

Geschka, Horst: „Kreativitätstechniken und Methoden der Ideenbewertung", in: Sommerlatte, Tom; Beyer, Georg; Seidel, Gerrit

(Hrsg.): Innovationskultur und Ideenmanagement. Strategien und praktische Ansätze für mehr Wachstum, Düsseldorf 2006, S.217–249

Haenecke, Henrik: „Methodenorientierte Systematisierung der Kritik an der Erfolgsfaktorenforschung", in: Zeitschrift für Betriebswirtschaft, Jg.72, Nr.2, 2002, S.165–183

Hauschildt, Jürgen: Innovationsmanagement, 3. Auflage, München 2004

Hauschildt, Jürgen; Chakrabarti, A.K.: „Arbeitsteilung im Innovationsmanagement. Forschungsergebnisse, Kriterien und Modelle", in: Zeitschrift für Organisation, Jg.57, Nr.6, 1988, S.378–388

Herdy, Michael; Dörr, Nora: „Bionik in der Produktion", in: ZWF, Jg.107, Nr.3, 2012, S.119–123

Hippel, Eric von: „Lead Users: A Source of Novel Product Concepts". in: Management Science, Jg. 32, Nr. 7, 1986, S.791–805

Hörrmann, Gerold; Tiby, Claus: „Projektmanagement richtig gemacht", in: Arthur D. Little (Hrsg.): Management der Hochleistungsorganisation, Wiesbaden 1990, S.73–91

Institut der deutschen Wirtschaft Köln (Hrsg.): Wachstumsfaktor Innovation. Eine Analyse aus betriebs-, regional- und volkswirtschaftlicher Sicht, Köln 2006

Kelley, Tom; Littmann, Jonathan: Das IDEO Innovationsbuch. Wie Unternehmen auf neue Ideen kommen, Berlin 2002

Kline, Stephen J.; Rosenberg, Nathan: „An Overview of Innovation", in: Landau, Ralph; Rosenberg, Nathan (Hrsg.): The Positive Sum Strategy: Harnessing Technology for Economic Growth, Washington DC 1986, S.275–305

Littkemann, Jörn (Hrsg.): Innovationscontrolling, München 2005

Maree, Gillian A.; Roux, Dirk J.; Marais, Mario A.: „Beneath the Surface of Conscious Patterns: Using Narrative to Characterise the Culture of Innovation at Leading R&D Organisations", in Kazi, Abdul Samad; Wolf, Patricia (Hrsg.): Real-Life Knowledge Management: Lessons from the Field, KnowledgeBoard, Finnland 2006, S.105–125

Möller, Klaus; Menninger, Jutta; Robers, Diane (Hrsg.): Innovationscontrolling. Erfolgreiche Steuerung und Bewertung von Innovationen, Stuttgart 2011

Müller-Prothmann, Tobias: Leveraging Knowledge Communication for Innovation. Framework, Methods and Applications of Social Network Analysis in Research and Development, Frankfurt am Main et al. 2006

Müller-Prothmann, Tobias: „Konzept für eine integrierte Ideen- und Wissensmanagementplattform", in: Ideenmanagement, Jg. 34, Nr. 4, 2008, S. 108–112

Müller-Prothmann, Tobias; Behnken, Edda; Borovac, Selma: „‚Innovation Management Devils' – A Disruptive Factor Based Analysis of Innovation Processes", in: Huizingh, K.R.E. et al. (Hrsg.): Open Innovation. Creating Products and Services Through Collaboration, Proceedings of the XIX ISPIM Conference, Tours, France, June 15–18, 2008

Müller-Prothmann, Tobias; Stein, André: „I²MM – Integrated Innovation Maturity Model for Lean Assessment of Innovation Capability", in: Huizingh, K.R.E. et al. (Hrsg.): Sustainability in Innovation, Proceedings of the XXII ISPIM Conference, Hamburg, June 12–15, 2011

Osborn, Alex F.: Applied imagination: principles and procedures of creative problem-solving, New York 1957

Perl, Elke: „Grundlagen des Innovations- und Technologiemanagements", in: Strebel, Heinz: Innovations- und Technologiemanagement, Wien 2007, S. 17–52

Pfeiffer, Werner; Dögl, R.: „Das Technologie-Portfolio-Konzept zur Beherrschung der Schnittstelle Technik und Unternehmensstrategie", in Hahn, D.; Taylor, B. (Hrsg.): Strategische Unternehmungsplanung – Strategische Unternehmungsführung. Stand und Entwicklungstendenzen. 4. Auflage, Heidelberg, Wien 1986, S. 149–177

Plant Biomechanics Group: Vorgehensweise beim „Bottom-up-Prozess" und „Top-down-Prozess", Freiburg 2010

Powell, Walter W.: „Neither Market Nor Hierarchy: Network Forms of Organization", in: Staw, Barry M.; Cummings, Larry L. (Hrsg.):

Research in Organizational Behavior, Vol. 12, Greenwich/CT 1990, S. 295–336

Rogers, Debra M. Amidon: „The Challenge of Fifth Generation R&D", in: Research Technology Management, Jg. 39, Nr. 4, 1996, S. 33–39

Spur, Günter; Eßer, Gerd; Dörr, Nora: „Digitale Automatisierung – eine Herausforderung für die vernetzte Fabrik der Zukunft", in: ZWF, Jg. 107, Nr. 12, 2012, S. 879–882

Stevens, Greg A.; Burley, James: „3,000 Raw Ideas = 1 Commercial Success!" In: Research Technology Management, Jg. 40, Nr. 3, 1997, S. 16–27

Strebel, Heinz (Hrsg.): Innovations- und Technologiemanagement, 2. Auflage, Wien 2007

VDI-Fachbereich Bionik: Richtlinien VDI 6220 bis VDI 6225 (Weißdruck), Düsseldorf 2012

Wersig, Gernot: „Der Fokus des Wissensmanagements: Menschen", in: Wolfgang Ratzek (Hrsg.): Erfolgspotentiale. Szenarien für kleine und mittlere Unternehmen, Aachen 2000, S. 119–132

Witte, Eberhard: Organisation für Innovationsentscheidungen. Das Promotoren-Modell, Göttingen 1973

Woywode, Michael: „Wege aus der Erfolglosigkeit der Erfolgsfaktorenforschung", in: Struck, Jochen; KfW Bankengruppe (Hrsg.): Was erfolgreiche Unternehmen ausmacht, Heidelberg 2004, S. 15–48